Pannirselvam Narayanan
Theerthagiri S.

Propriedades de resistência e durabilidade do concreto vermiculita

Pannirselvam Narayanan
Theerthagiri S.

Propriedades de resistência e durabilidade do concreto vermiculita

Concreto com adição de vermiculita como agente de cura interna

ScienciaScripts

Imprint
Any brand names and product names mentioned in this book are subject to trademark, brand or patent protection and are trademarks or registered trademarks of their respective holders. The use of brand names, product names, common names, trade names, product descriptions etc. even without a particular marking in this work is in no way to be construed to mean that such names may be regarded as unrestricted in respect of trademark and brand protection legislation and could thus be used by anyone.

Cover image: www.ingimage.com

This book is a translation from the original published under ISBN 978-3-659-80074-0.

Publisher:
Sciencia Scripts
is a trademark of
Dodo Books Indian Ocean Ltd. and OmniScriptum S.R.L publishing group

120 High Road, East Finchley, London, N2 9ED, United Kingdom
Str. Armeneasca 28/1, office 1, Chisinau MD-2012, Republic of Moldova, Europe
Printed at: see last page
ISBN: 978-620-8-34887-8

Índice

ABREVIATURAS 2

CAPÍTULO 1: INTRODUÇÃO 3

CAPÍTULO 2: REVISÃO DA LITERATURA 6

CAPÍTULO 3: Metodologia e materiais 14

CAPÍTULO 4: TRABALHO EXPERIMENTAL 17

CAPÍTULO 5: RESULTADOS E DISCUSSÃO 26

CAPÍTULO 6: CONCLUSÃO 50

REFERÊNCIAS 56

ABREVIATURAS

ACI	-	AMERICAN CONCRETE INSTITUTE
EDS	-	ENERGY DISPERSIVE SPECTROSCOPY
FBA	-	FURNACE BOTTOM ASH
HPC	-	HIGH PERFORMANCE CONCRETE
IC	-	INTERNAL CURING
ICA	-	INTERNAL CURING AGENT
LWA	-	LIGHTWEIGHT AGGREGATE
PLWA	-	PRE WETTED LIGHT WEIGHT AGGREGATE
RAC	-	RECYCLED AGGREGATE CONCRETE
RCA	-	RECYCLED CERAMIC AGGREGATE
RHA	-	RICE HUSK ASH
SAP	-	SUPERABSORBENT POLYMERS
SCM	-	SELF-COMPACTING MORTARS
SEM	-	SCANNING ELECTRON MISCROSCOPE
UHPC	-	ULTRA HIGH PERFORMANCE CONCRETE

CAPÍTULO 1: INTRODUÇÃO

1.1 GERAL

C oncreto é um material compósito amplamente utilizado na indústria da construção e é geralmente constituído por cimento, agregado fino, agregado grosso e água. É conhecido pela sua resistência e durabilidade e pode ser fabricado em qualquer forma desejada. A cura é uma etapa crucial que ajuda o betão a atingir a resistência e a durabilidade desejadas. Geralmente, o betão é curado através da manutenção de água ou humidade adequadas na superfície do betão. Este tipo de cura consome muita água, estimada em cerca de 16 mil milhões de m^3 por ano [1]. Em resposta a este desafio, foi desenvolvido um processo de cura interna como solução alternativa.

1.2 CURA INTERNA

A cura interna (CI) é um processo em que uma certa quantidade de água ou teor de humidade é fornecida no interior do betão através de agregados leves pré-humedecidos (PLWA), que curam o betão a partir do interior. Estes agregados leves pré-umedecidos são designados por agentes de cura internos (ICA). O agregado leve utilizado é poroso e tem uma elevada capacidade de absorção de água, libertando-a prontamente quando necessário.

O Instituto Americano do Betão (ACI) define a cura interna como "O fornecimento de água através de uma mistura cimentícia recentemente colocada utilizando reservatórios, através de agregados leves pré-humedecidos, que libertam rapidamente água conforme necessário para a hidratação ou para substituir a humidade perdida por evaporação ou autodessecação" [2].

Durante o processo de hidratação, a humidade fornecida no interior do betão é gradualmente libertada, proporcionando uma fonte contínua de humidade ao betão [3]. Isto ajuda a minimizar o risco de fissuração e retração precoces. E o desempenho global do betão é melhorado, particularmente em termos de retração por secagem. Este método pode ser uma alternativa sustentável aos métodos de cura convencionais, uma vez que reduz o consumo de água na operação de cura. O princípio da cura interna é ilustrado na figura 1.1.

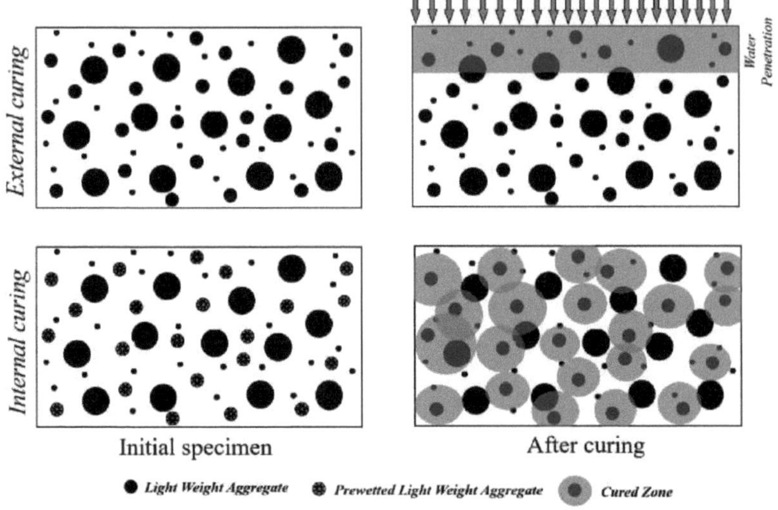

Fig. 1.1 Ilustração da cura interna ***Fonte: Zhang e Poon, 2017***

1.3 AGENTES DE CURA INTERNA

O agregado PLWA adicionado ao betão para facilitar a cura interna é designado por agente de cura interna. Os ACI normalmente utilizados são o xisto expandido, a argila, as cinzas de fundo de forno, os polímeros superabsorventes, os agregados reciclados e as fibras, etc. [3-9].

A seleção destes materiais depende de vários factores, como a disponibilidade, o tamanho, as propriedades desejadas do betão, o custo, a capacidade de retenção de água, etc. O tamanho do material e a retenção de água têm um enorme impacto nos critérios de seleção. Se o material for inferior a 4,75 mm, substitui parcialmente o agregado fino, e se for superior a 4,75 mm, substitui parcialmente o agregado grosso. Algum material mais fino é adicionado adicionalmente em 1-2% ao volume de cimento.

A vermiculite é um material poroso leve que pode absorver água até quatro a cinco vezes o seu peso e libertá-la quando necessário. Este material pode ser potencialmente utilizado como ACI, uma vez que possui todas as caraterísticas necessárias para ser um ACI. A inclusão de vermiculite como ACI pode também melhorar a trabalhabilidade e as propriedades mecânicas e de durabilidade do betão [10].

1.4 VANTAGENS DA CURA INTERNA

A retração autógena é um problema potencial para o betão com um elevado teor de cimento e um baixo rácio água-cimento, que pode ser atenuado pelo aumento do teor de humidade. A cura interna fornece humidade adicional ao betão, o que não só ajuda a reduzir a retração autógena, como também diminui o coeficiente de expansão térmica, resultando na redução da fissuração térmica.

A cura interna é também mais eficaz do que os métodos de cura tradicionais, mesmo em condições ambientais desfavoráveis. É particularmente útil em betão pouco permeável, especialmente na profundidade interior do betão, e facilita a dispersão da humidade pelo betão.

A cura interna ajuda a reduzir a permeabilidade do betão, gerando produtos de hidratação nos capilares do ligante durante um período de cura prolongado. Isto pode levar a uma maior durabilidade, a custos de manutenção reduzidos e a uma maior sustentabilidade das estruturas de betão [11].

1.5 OBJECTIVO DO PROJECTO

1. Avaliar o potencial de utilização da vermiculite esfoliada como agente de cura interna.
2. Examinar as propriedades de resistência e durabilidade do betão de vermiculite.
3. Estudar a microestrutura do betão com vermiculite como agente de cura interna.

1.6 ÂMBITO DO PROJECTO

1. A eficácia da vermiculite como agente de cura interna está a ser investigada.
2. A investigação aborda o comportamento do betão de vermiculite.
3. Análise microestrutural do betão de vermiculite.

CAPÍTULO 2: REVISÃO DA LITERATURA

2.1 GERAL

É apresentada uma revisão exaustiva da literatura sobre as propriedades de resistência e durabilidade do betão de cura interna utilizando um ACI. A revisão tem como objetivo explorar a investigação existente sobre a utilização de ACI e a sua eficácia na melhoria das propriedades do betão. Além disso, são fornecidos pormenores sobre a vermiculite como material de construção e o seu potencial como material alternativo sustentável.

2.2 ESTUDOS SOBRE A CURA INTERNA

Tenório *et al.*, 2022 centra-se no desenvolvimento e teste de polímeros superabsorventes (SAPs) baseados em alginato e sulfonato para utilização em materiais cimentícios. Foram analisados os efeitos dos SAPs na cura interna e noutras propriedades do betão. O estudo concluiu que a cinética dos SAPs teve um impacto significativo no seu desempenho, com taxas de absorção mais rápidas que resultaram em melhores propriedades de cura interna. Os resultados também revelam que os SAPs podem aumentar a trabalhabilidade, a resistência à compressão e a retração do betão. Os autores sugerem que estes resultados podem ter implicações importantes para o desenvolvimento de materiais de betão mais sustentáveis e duradouros [12].

Gwon et *al.*, 2022 avaliaram a eficácia das microfibras de celulose como um ACI em compósitos de cimento. Foram utilizados métodos destrutivos e não destrutivos para avaliar os efeitos da cura interna, incluindo a absorção de água, a velocidade de pulso ultrassónico e os testes mecânicos. Os resultados mostraram que a incorporação de microfibras de celulose melhorou a absorção de água e a velocidade de pulso ultrassónico dos compósitos de cimento, indicando uma cura interna melhorada. As propriedades mecânicas dos compósitos também foram melhoradas, com maiores resistências à compressão e à flexão. Os autores concluíram que as microfibras de celulose podem ser um promissor agente de cura interna para compósitos de cimento, conduzindo a materiais de betão mais sustentáveis e duráveis [13].

Chen *et al.*, 2022, investigaram a utilização de cenosferas perfuradas como ACI no betão para melhorar a sua durabilidade e resistência. O estudo centra-se na otimização da estrutura dos poros das cenosferas para melhorar as suas propriedades de absorção e retenção de água. Foram aplicados diferentes tratamentos às cenosferas e avaliados os seus efeitos na estrutura dos poros e no desempenho da cura interna. Os resultados mostram que as cenosferas perfuradas com um tamanho de poro maior e uma porosidade mais elevada têm melhores propriedades de absorção e retenção de água, levando a um melhor desempenho de cura interna do betão. Os autores concluíram que estes resultados podem contribuir para o desenvolvimento de materiais de betão mais sustentáveis e duradouros [14].

Nduka et *al.*, 2022 estudaram a utilização de cinza de casca de arroz (RHA) como ACI em betão de alto desempenho (HPC) e os efeitos da incorporação de polímeros superabsorventes (SAPs) nas caraterísticas mecânicas e microestruturais do betão. O estudo concluiu que a adição de RHA e SAPs melhorou as propriedades de absorção e retenção de água do betão, conduzindo a uma cura interna melhorada. O HPC também apresentou melhores propriedades mecânicas, incluindo maior resistência à compressão e tenacidade. A microestrutura do betão também foi melhorada, com uma distribuição mais densa e uniforme dos poros. Os autores sugerem que a RHA e os SAPs podem ser uma combinação promissora para o desenvolvimento de materiais de betão mais sustentáveis e de elevado desempenho [15].

Rodríguez Alvaro et *al.*, 2022 avaliaram a utilização de diferentes subprodutos granulares como reservatórios de água de CI no betão para melhorar a sua durabilidade e resistência. O estudo examina quatro tipos de subprodutos: argila expandida, ardósia, perlite e vermiculite, e investigou a sua eficácia como reservatórios de água utilizando testes como a absorção de água, a sorção e a dessorção. Os resultados mostram que os quatro subprodutos foram eficazes na melhoria das propriedades de absorção e retenção de água do betão, tendo a argila expandida e a vermiculite apresentado o melhor desempenho. Os autores contribuíram para o desenvolvimento de materiais de betão mais sustentáveis e duráveis, utilizando subprodutos como agentes de cura interna [16].

Xu *et al.*, 2022 exploraram o impacto da utilização de agregados cerâmicos reciclados (RCAs) como um ICA em betão de alto desempenho (HPC). O estudo avalia as propriedades de absorção e retenção de água dos RCAs e o seu impacto na microestrutura e nas propriedades mecânicas do HPC. Os resultados mostram que a incorporação de RCAs no HPC melhora as suas propriedades de absorção e retenção de água, levando a uma cura interna melhorada. O HPC também apresentou propriedades mecânicas melhoradas, incluindo maior resistência à compressão e **módulo de elasticidade.** A microestrutura do betão também foi melhorada, com uma distribuição mais uniforme dos poros. Os autores sugerem que os RCAs podem ser um agente de cura interna promissor para o desenvolvimento de materiais de betão sustentáveis e de elevado desempenho [8].

Kazemian e Shafei, 2022 examinaram a capacidade de cura interna da zeólita natural para melhorar a hidratação do betão de ultra-alto desempenho (UHPC). O estudo avalia as propriedades de absorção e retenção de água do zeólito natural e o seu impacto na microestrutura e nas propriedades mecânicas do UHPC. Os resultados mostram que a zeólita natural é um agente de cura interna eficiente para o UHPC, melhorando as suas propriedades de absorção e retenção de água e aumentando o grau de hidratação das partículas de cimento. O UHPC também apresentou propriedades mecânicas melhoradas, incluindo maior resistência à compressão e módulo de elasticidade. Os autores sugeriram que o zeólito natural poderia ser um promissor agente de cura interna para o desenvolvimento de materiais de betão mais sustentáveis e de elevado desempenho [6].

Yang et *al.*, 2022 determinaram a produção de agregados leves a partir de rejeitos de bauxita para o CI de argamassas de alta resistência. O estudo avalia as caraterísticas de absorção e retenção de água dos agregados leves e o seu impacto na microestrutura e nas propriedades mecânicas das argamassas de alta resistência. Os resultados mostram que a incorporação de agregados leves em argamassas de alta resistência melhora as suas propriedades de absorção e retenção de água e melhora a sua microestrutura e propriedades mecânicas, incluindo maior resistência à compressão e resistência à flexão. Os autores sugerem que a utilização de agregados leves fabricados a partir de rejeitos de bauxite como ACI pode ser uma abordagem promissora para o desenvolvimento de materiais de betão mais sustentáveis e de elevado desempenho [5].

Yang *et al.*, 2021 desenvolveram uma revisão abrangente das condições que afectam o desempenho da cura interna do betão. O estudo identifica e avalia vários factores, incluindo o tipo e a dosagem do ACI, a relação água/cimento, a temperatura e o tempo de cura, a utilização de materiais cimentícios suplementares e o tipo e dimensão dos agregados. Os autores demonstraram o impacto de cada fator nas propriedades de absorção e retenção de água, na microestrutura e nas propriedades mecânicas do betão. A revisão fornece informações valiosas sobre a conceção e otimização de estratégias de cura interna para o desenvolvimento de materiais de betão mais duráveis e de elevado desempenho [17].

Xu, Lin e Zhou, 2021 apresentaram uma revisão abrangente da produção de materiais de CI em betão de alto desempenho. O estudo relacionou os vários tipos de materiais de CI, incluindo agregados leves, polímeros superabsorventes, agregados reciclados, zeólitos naturais e fibras de celulose. Os autores identificaram o impacto destes materiais nas propriedades de absorção e retenção de água, na microestrutura e nas propriedades mecânicas do HPC. A revisão fornece informações sobre as vantagens e limitações dos diferentes materiais de cura interna e as suas potenciais aplicações no desenvolvimento de materiais de betão mais duráveis e de elevado desempenho [18].

Li et *al.*, 2020, avaliaram a possibilidade de utilizar polímeros superabsorventes (SAPs) como ICA em pastas de escória e cinza de mosca activadas com álcalis. O autor comparou o impacto de diferentes dosagens de SAP no processo de hidratação, na microestrutura e nas propriedades mecânicas da pasta. Os resultados mostram que os SAPs podem efetivamente melhorar a capacidade de retenção de água e a microestrutura da pasta, conduzindo a uma estrutura mais homogénea e mais densa. A incorporação de SAPs também aumenta a resistência à compressão e à flexão da pasta. O estudo demonstrou o potencial das PAE como um ACI sustentável e eficiente para a pasta de escórias activadas com álcalis e cinzas de mosca [19].

Rodriguez Alvaro et *al.*, 2020 construíram o uso de agentes expansivos à base de magnésio e partículas de cinzas de fundo de carvão como reservatórios de água para o IC de HPC. Os autores examinaram as propriedades mecânicas e microestruturais das amostras de betão resultantes, bem como a sua resistência à penetração de iões cloreto e à carbonatação. Os autores concluíram que a inclusão de partículas de cinza de fundo de carvão melhora o desempenho da cura interna do betão e conduz a um aumento das propriedades de resistência e durabilidade. A investigação salienta o potencial da utilização de materiais residuais como agentes de cura interna do betão, proporcionando uma solução sustentável para os materiais de construção [20].

El-Hawary e Al-Sulily, 2020 interpretaram a utilização do CI na melhoria das propriedades do betão de agregados reciclados (RAC). Os autores discutiram os benefícios da cura interna, tais como a redução da retração, a melhoria das propriedades mecânicas e o aumento da durabilidade. Os autores investigaram vários métodos de cura interna para o RAC, incluindo a utilização de agregados reciclados pré-umedecidos, agregados leves e polímeros superabsorventes. Concluíram que a cura interna pode efetivamente melhorar as propriedades do RAC, e que a utilização de agregado reciclado pré-umedecido pode constituir uma opção acessível e prática para a cura interna do RAC [7].

Kevern e Nowasell, 2018 desenvolveram o CI de betão permeável utilizando agregados leves (LWA). O estudo explorou o uso de LWA como um meio de fornecer água IC em misturas de concreto permeável, o que pode mitigar os efeitos negativos da evaporação da água e melhorar a resistência à compressão do concreto. Os investigadores avaliaram a absorção de água e as propriedades de resistência de diferentes tipos de LWA, bem como a resistência à compressão e a permeabilidade das misturas de betão permeável que incorporam estes agregados. Os resultados confirmaram que a LWA pode ser eficaz como ICA no betão permeável, conduzindo a propriedades melhoradas de resistência e durabilidade [21].

Pannirselvam, Dinesh Kumar e Radhiga, 2018 investigaram o CI do betão permeável utilizando LWA. O estudo explora o uso de LWA como um meio de fornecer água IC em misturas de concreto permeável, o que pode mitigar os efeitos negativos da evaporação da água e melhorar a resistência à compressão do concreto. Os investigadores avaliaram a absorção de água e as propriedades de resistência de diferentes tipos de LWA, bem como a resistência à compressão e a permeabilidade das misturas de betão permeável que incorporam estes agregados. Os resultados sugerem que a LWA pode ser eficaz como ICA no betão permeável, conduzindo a propriedades melhoradas de resistência e durabilidade [22].

Akhnoukh, 2018, formulou a utilização de LWA como ACI para betão. O artigo analisou a eficácia de diferentes tipos de LWAs no aumento da resistência e durabilidade do betão. O autor também discute os factores que afectam o desempenho da cura interna com LWAs, tais como as propriedades do LWA, a capacidade de absorção de água e a quantidade de LWA utilizada. Os resultados revelam que a utilização de LWAs como ACI pode melhorar significativamente as propriedades do betão, tais como a resistência à compressão, a resistência à tração e a durabilidade [23].

Zhang e Poon, 2017, influenciaram a utilização de cinzas de fundo de forno de grande volume (FBA) como ICA para betão de agregados leves. A investigação centra-se no efeito de cura interna da FBA nas propriedades do betão de agregados leves, incluindo a resistência à compressão, a absorção de água e a retração por secagem. O estudo previu que a incorporação de FBA na mistura de betão conduz a um aumento significativo da resistência à compressão e a uma redução da retração por secagem. Os autores atribuem este facto ao efeito de CI do FBA, que aumenta o processo de hidratação e melhora a microestrutura do betão. De um modo geral, os autores salientaram o potencial da FBA como agente de cura interna eficaz e sustentável para o betão com agregados leves [3].

Wei, Wang e Gao, 2015 simplificaram o impacto do CI na distribuição do gradiente de humidade e na deformação de uma laje de pavimento de betão com agregados finos leves pré-umedecidos. Os resultados mostraram que a cura interna utilizando agregados finos leves pré-umedecidos reduziu eficazmente a distribuição do gradiente de humidade e melhorou o desempenho geral da laje de pavimento de betão. Os agregados pré-umedecidos ajudaram a manter uma distribuição mais uniforme da humidade, reduzindo a retração e a deformação da laje. O estudo destaca os potenciais benefícios do CI para aumentar a durabilidade e o funcionamento a longo prazo dos pavimentos de betão, particularmente em regiões com condições meteorológicas variáveis [24].

O American Concrete Institute, 2013, fornece diretrizes para a utilização de LWA absorvente pré-umedecido como ACI no betão. O relatório discutiu os benefícios da cura interna e os factores que afectam a sua eficácia, tais como o tipo de agregado e a dosagem do agente de cura. O relatório também recomenda especificações para a utilização de agregados leves pré-umedecidos, tais como o teor de humidade e a capacidade de absorção, e fornece orientações sobre a mistura, colocação e cura do betão curado internamente. O relatório salienta a importância do controlo de qualidade e dos ensaios adequados para garantir o desempenho desejado do betão curado internamente [2].

Paul e Lopez, 2011, avaliaram a eficiência de diferentes agregados leves (LWA) no fornecimento de cura interna ao betão. Os investigadores utilizaram dois tipos de LWA, xisto expandido e argila, e compararam o seu desempenho de cura interna com a cura húmida tradicional. Os resultados mostraram que o LWA pode efetivamente fornecer cura interna ao betão e reduzir a sua retração por secagem. O LWA de xisto expandido teve um melhor desempenho do que o LWA de argila em termos de CI e de redução da retração. O estudo sugere que a utilização de LWA para a CI pode ser uma alternativa viável aos métodos tradicionais de cura húmida e pode aumentar o desempenho do betão [4].

2.3 ESTUDOS SOBRE O BETÃO DE VERMICILITE

Naveenkumar *et al.*, 2021 avaliaram o desempenho à flexão de vigas de betão armado com substituição parcial de vermiculite, um material leve e poroso. O estudo tem como objetivo sondar a influência da vermiculita na resistência e durabilidade do concreto, substituindo uma parte do agregado fino. Os resultados mostram que a utilização de vermiculite em substituição parcial aumenta a resistência à flexão das vigas de betão armado. Além disso, reduz a relação água-cimento e aumenta o processo de cura interna, levando a uma maior durabilidade do betão. Por conseguinte, a vermiculite pode ser considerada como um material promissor para melhorar as propriedades das estruturas de betão armado [25].

Naveen Kumar et *al.*, 2020 analisaram a utilização da vermiculite, um material leve e poroso, na produção de blocos de betão leves. O estudo tem por objetivo avaliar as propriedades mecânicas e a durabilidade dos blocos, variando a percentagem de vermiculite utilizada na mistura. Os resultados mostram que a adição de vermiculita melhora as propriedades mecânicas dos blocos, incluindo a resistência à compressão, a resistência à flexão e o módulo de elasticidade. O uso da vermiculita também melhora o processo de cura interna, levando a uma redução da absorção de água e a uma maior durabilidade dos blocos. Por conseguinte, a vermiculite pode ser considerada um material promissor para a produção de blocos de betão leves com propriedades melhoradas [26].

Wang e Wang, 2019 examinaram a estrutura, as propriedades e as potenciais aplicações dos nanomateriais de vermiculite. Os autores fornecem uma visão geral das propriedades e da estrutura da vermiculita, um mineral em camadas que pode ser esfoliado em nanofolhas. Comparam as potenciais aplicações dos nanomateriais de vermiculite em vários domínios, incluindo a adsorção, a catálise, a administração de medicamentos e os nanocompósitos. Os autores discutiram as propriedades únicas dos nanomateriais de vermiculite, como a elevada área de superfície, as boas propriedades mecânicas e a estabilidade térmica, que os tornam adequados para estas aplicações. Os autores concluíram destacando o potencial dos nanomateriais de vermiculite como um material versátil e promissor para várias aplicações [27].

Karatas et al., 2019 realizaram experimentalmente o efeito da incorporação de vermiculita bruta como suplemento parcial de areia nas propriedades das argamassas autocompactantes (SCMs) a temperaturas elevadas. Os autores avaliaram as propriedades mecânicas e microestruturais de SCMs com porcentagens variadas de vermiculita em diferentes temperaturas. Os resultados indicam que a inclusão de vermiculite em bruto nas SCMs melhora as suas propriedades mecânicas, incluindo a resistência à compressão, a resistência à flexão e a resistência à tração por compressão, a temperaturas elevadas. O artigo também discute as alterações microestruturais nos SCMs devido à adição de vermiculita. Por conseguinte, a vermiculite pode ser considerada um material potencial para melhorar as propriedades dos SCMs expostos a temperaturas elevadas [28].

Pannirselvam e Gokul Kishore, 2019 centra-se no desenvolvimento de uma argamassa utilizando vermiculite, um mineral natural com excelentes propriedades de isolamento térmico e resistência ao fogo. O autor avaliou as propriedades mecânicas e térmicas da argamassa, substituindo uma parte da areia por vermiculita. Os resultados indicam que a inclusão de vermiculite na argamassa melhora as suas propriedades de isolamento térmico, reduz a sua condutividade térmica e aumenta a sua resistência ao fogo.

O estudo também mostra que a adição de vermiculite melhora as propriedades mecânicas da argamassa, incluindo a resistência à compressão e a resistência à flexão. Por conseguinte, a vermiculite pode ser considerada um material promissor para melhorar as propriedades da argamassa utilizada na construção [29].

Pannirselvam e Santhoshini, 2018, investigaram experimentalmente o desenvolvimento e a avaliação de ladrilhos, argamassa e betão à base de vermiculite. O autor avaliou as propriedades mecânicas e térmicas desses materiais, substituindo uma parte da areia ou do agregado fino por vermiculita. Os resultados indicam que a adição de vermiculite melhora as propriedades de isolamento térmico dos ladrilhos, argamassa e betão, reduz a sua condutividade térmica e aumenta a sua resistência ao fogo. O estudo também mostra que a inclusão de vermiculite melhora as propriedades mecânicas dos materiais, incluindo a resistência à compressão e a resistência à flexão. O autor concluiu que a utilização de vermiculite melhora as propriedades dos ladrilhos e do betão em relação à temperatura [30].

Rashad, 2016 fornece um pequeno guia para engenheiros civis sobre a utilização da vermiculite como material de construção. A vermiculite é um mineral natural que possui propriedades únicas, incluindo resistência ao fogo, isolamento e leveza. O documento aborda as propriedades e caraterísticas da vermiculite, o seu processo de fabrico e as suas aplicações na construção, como o betão leve, o isolamento e a impermeabilização contra o fogo. O autor também destacou as vantagens e desvantagens da utilização da vermiculite e fornece recomendações para a sua utilização em várias aplicações de construção [10].

2.4 RESUMO DA REVISÃO DA LITERATURA

A literatura sobre a cura interna do betão é bastante extensa, com muitos investigadores a explorar vários materiais e técnicas para melhorar a hidratação e a durabilidade do betão. A arte do estado fixou-se na utilização de LWA como ICA no betão.

Os estudos mostram que a utilização de LWA no betão pode proporcionar um mecanismo de cura interna consistente e eficaz. Materiais naturais e sintéticos, incluindo zeólito, rejeitos de bauxita e polietilenoglicol, foram investigados como agentes de cura interna. Outros estudos exploraram a utilização de materiais reciclados, como as cinzas de carvão e os agregados reciclados, como agregados leves para a cura interna.

A potência do processo de cura interna depende de vários factores, incluindo o tipo de agregado leve, a sua dimensão e a sua distribuição na mistura de betão. Os estudos também destacam a importância de otimizar a conceção da mistura e as condições de cura para garantir o máximo desempenho.

Em geral, a investigação indica que a cura interna com agregados leves pode melhorar a resistência, a durabilidade e a resistência à fissuração e à retração do betão. Pode também melhorar a trabalhabilidade da mistura de betão e reduzir o risco de fissuração precoce. Estes resultados sugerem que a utilização de LWA como ICA no betão tem um potencial significativo para melhorar o desempenho e a sustentabilidade das estruturas de betão.

CAPÍTULO 3: Metodologia e materiais

3.1 GERAL

O traço do betão assenta tanto na metodologia empregue como nos materiais utilizados na sua produção. Uma metodologia estabelecida é crucial para fornecer um caminho bem definido para a realização da investigação, delineando as medidas e os procedimentos necessários que devem ser seguidos para atingir os objectivos da investigação. Além disso, a qualidade dos materiais utilizados pode ter um impacto significativo nos resultados da investigação. Por conseguinte, é essencial respeitar as normas e selecionar cuidadosamente os materiais que satisfazem os critérios exigidos. Os materiais utilizados neste estudo incluem cimento, agregado fino, agregado grosso, vermiculite como ICA e água da torneira normal. Para avaliar a qualidade do betão, foi realizada uma série de ensaios preliminares e as observações resultantes foram registadas.

3.2 METODOLOGIA PARA O PROJETO

T A metodologia de investigação adoptada neste estudo utiliza uma abordagem sistemática para a realização de investigação científica, decompondo o processo de investigação. A metodologia começa com a realização de uma revisão exaustiva da literatura, seguida da formulação dos objectivos e do âmbito. Inicia-se o processo de seleção de materiais e realizam-se ensaios preliminares com os materiais escolhidos. O rácio de substituição do ICA é determinado através da moldagem de cubos de argamassa e do ensaio da sua resistência à compressão. O projeto de mistura para o betão é desenvolvido com base na taxa de substituição determinada. Os espécimes são então moldados com base na conceção da mistura e são realizados vários estudos mecânicos, de durabilidade e microestruturais. Os resultados dos ensaios obtidos são observados e analisados, e é tirada uma conclusão com base na análise. O diagrama de fluxo apresentado na figura 3.1 ilustra a metodologia utilizada na investigação.

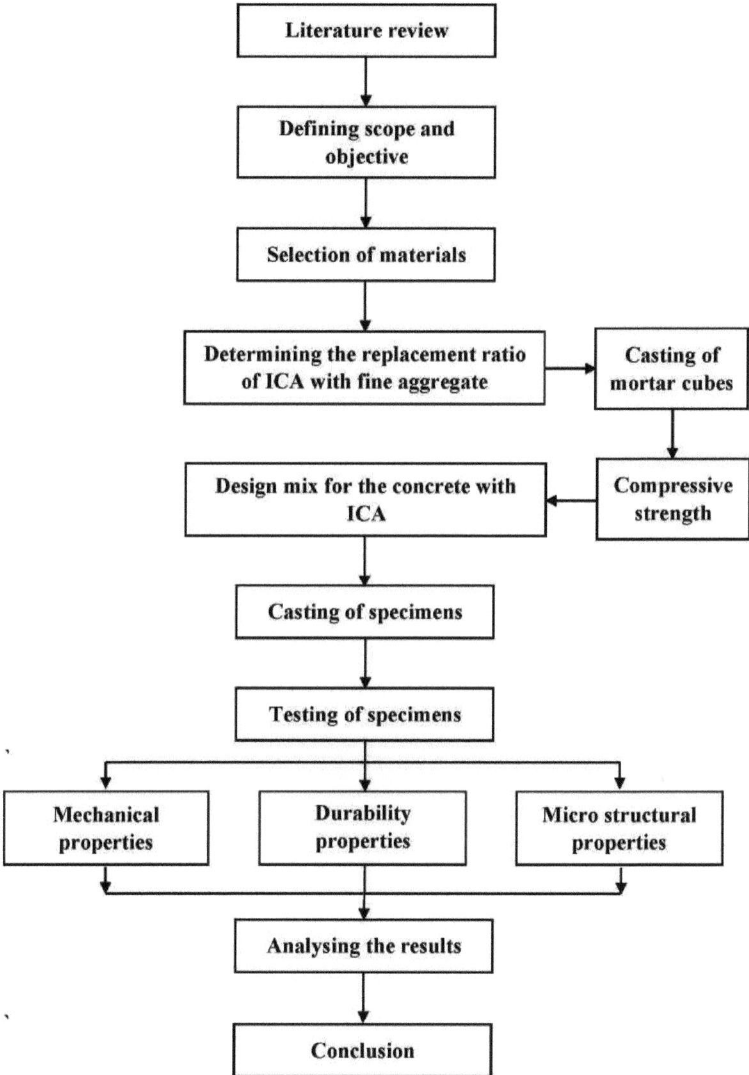

Fig. 3.1 Fluxograma da metodologia

3.3 MATERIAIS UTILIZADOS

3.3.1 Fichário

O cimento serve como um agente aglutinante crucial que mantém efetivamente os agregados juntos, conferindo assim a resistência e a durabilidade necessárias ao betão. De acordo com a norma indiana 12269:1987 [31], o cimento Portland normal de grau 53 é utilizado como ligante nesta investigação. O cimento tem uma gravidade específica de 3,11 e uma finura de 4%. Apresenta uma consistência padrão de 30 %, um tempo de presa inicial de 150 minutos, um tempo de presa final de 225 minutos e uma solidez de 8 mm.

3.3.2 Agregado fino

A utilização de agregado fino é crucial para preencher os espaços entre os agregados grossos, melhorando assim a trabalhabilidade e a robustez do betão. No presente estudo, a areia M, que cumpre a norma indiana 383:2016 [32], foi utilizada como agregado fino. A areia M possui uma gravidade específica de 2,55 e pertence à Zona II.

3.3.3 Agregado grosso

O agregado grosso dá volume ao betão e ajuda a reduzir a quantidade de cimento necessária, o que reduz significativamente o custo. O cascalho com um tamanho nominal máximo de 20 mm e com uma gravidade específica de 2,60 é utilizado como agregado grosso neste estudo.

3.3.4 Agente de cura interna

No presente estudo de investigação, o ACI foi adicionado para facilitar o fornecimento de humidade no interior do betão para uma cura interna eficaz. A vermiculite, com uma gravidade específica de 1,17 e um tamanho de partícula que varia de 1 a 4 mm, foi utilizada como material do ACI.

3.3.5 Água

O presente estudo utilizou água da torneira proveniente do campus para a moldagem dos espécimes e para facilitar o controlo da cura.

CAPÍTULO 4: TRABALHO EXPERIMENTAL

4.1 GERAL

Este projeto apresenta o desenvolvimento de betão com a adição de vermiculite como ICA. A incorporação de ICA no betão facilita a sua cura interna, conduzindo a melhorias nas suas propriedades de resistência e durabilidade. O estudo envolveu a realização de várias experiências, incluindo o ensaio de compressão, o ensaio de flexão e o módulo de elasticidade para avaliar as propriedades de resistência, enquanto o ensaio de Sorptividade e de resistência a ácidos foi realizado para avaliar as propriedades de durabilidade. Além disso, foram realizados estudos microestruturais para obter uma melhor compreensão da estrutura interna do betão.

4.2 PROPORÇÕES DA MISTURA E CURA

Foram preparadas quatro misturas diferentes com o mesmo rácio água/cimento de M30, e foram efectuados três tipos de cura para cada mistura. O agregado fino é parcialmente substituído por vermiculite em termos de volume. Para determinar a relação de substituição do agregado fino pela vermiculite, foram moldadas e submetidas a ensaios de resistência à compressão várias misturas de argamassa incorporando diferentes proporções de vermiculite em volume. Os dados resultantes sobre as proporções da mistura e as resistências à compressão para cada mistura de argamassa são apresentados na tabela 4.1 e na figura 4.1. Quando a incorporação de vermiculite é de 50%, o valor da compressão é também reduzido em 55%. Com base nos resultados obtidos nos ensaios de compressão, as proporções de agregados foram concebidas da seguinte forma

- CM: Mistura de controlo.
- V10: 10% de agregado fino substituído por vermiculite.
- V30: 30% de agregado fino substituído por vermiculite.
- V50: 50% de agregado fino substituído por vermiculite.

A proporção da mistura é apresentada no quadro 4.2. A vermiculite é embebida em água durante 24 horas e seca à superfície antes de ser misturada com o betão. O procedimento de mistura é apresentado na figura 4.2. O betão é lançado nos moldes no espaço de 10 minutos após a mistura. Os moldes vazados foram desmoldados após 24 horas. Os espécimes desmoldados foram submetidos a três métodos de cura diferentes: cura em tanque, cura à temperatura ambiente e cura embrulhada ou selada, como se mostra na figura 4.3. Na cura em tanque, os espécimes foram imersos em água no tanque de cura, e na cura à temperatura ambiente, os espécimes foram mantidos à temperatura ambiente sem serem perturbados. Na cura embrulhada, o espécime é embrulhado em plástico e completamente selado.

Tabela 4.1: Proporção de mistura para argamassa de cimento

Mix ID	Cement	Fine aggregate	Vermiculite	W/C
Mix A	1	3	-	0.5
MIX B	1	2	1	0.5
MIX C	1	1.5	1.5	0.5
MIX D	1	-	3	0.5

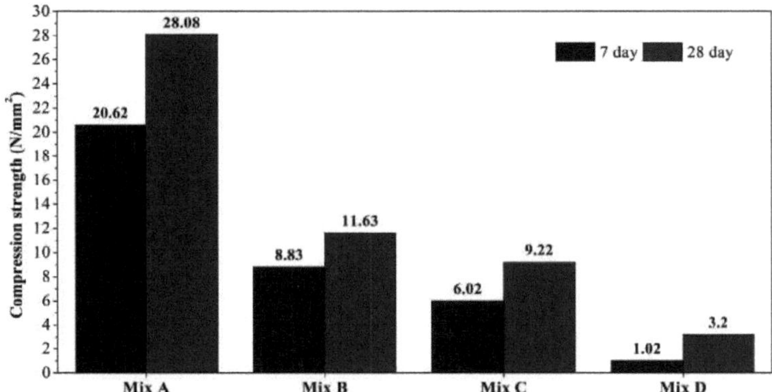

Fig. 4.1 Resistência à compressão do cubo de argamassa

Quadro 4.2: Proporção da mistura (kg/m^3)

Mix ID	CM	V10	V30	V50
Cement	425.73	425.73	425.73	425.73
Fine aggregate	606.88	578.87	523.33	467.44
Vermiculite (ICA)	-	28.90	86.65	139.41
Coarse aggregate	1100	1100	1100	1100
Water	191.60	191.60	191.60	191.60
w/c	0.45	0.45	0.45	0.45

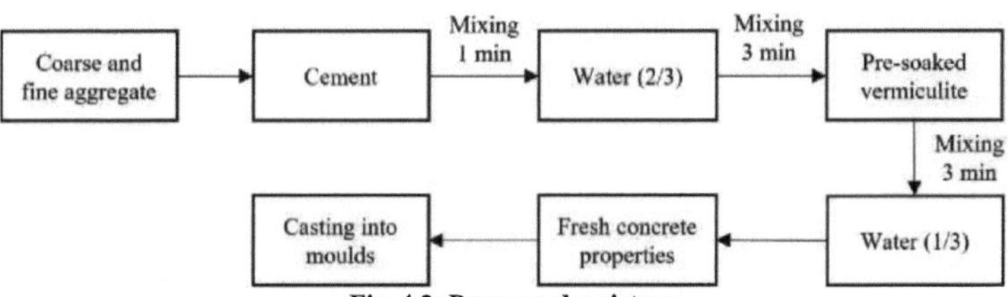

Fig. 4.2: Processo de mistura

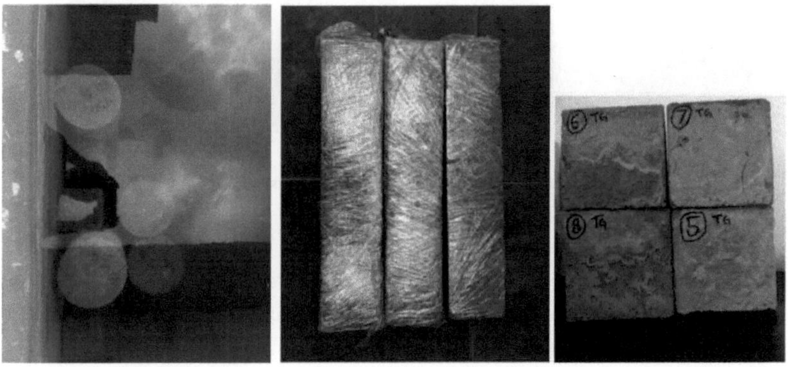

(a) (b) (c)

Fig. 4.3 Condições de cura; (a) Cura em tanque; (b) Cura embrulhada; (c) Cura ambiente

4.3 PROPRIEDADES DO BETÃO FRESCO

A avaliação das propriedades do betão fresco é um aspeto importante para determinar a qualidade do betão fresco. Neste projeto, para avaliar as propriedades do betão fresco, foram realizados ensaios com o cone de abatimento e o cilindro de densidade.

4.3.1 Ensaio de abatimento do tronco de cone

A **trabalhabilidade** do betão fresco é avaliada através do ensaio do cone de abatimento. De acordo com a norma indiana 1199:1959 [33], este ensaio envolve a medição do abatimento do betão, que é determinado pela altura de um cone de 300 mm com um diâmetro de base de [illegible] e um diâmetro de topo de [illegible]. A Figura 4.4 mostra o aparelho de cone de abatimento e a medição do abatimento.

(a) (b)

Fig. 4.4 Ensaio de abatimento do cone; (a) Cone de abatimento; (b) Medição do abatimento

4.3.2 Ensaio de densidade

De acordo com a norma indiana 1199:1959 [33], a densidade do betão fresco é determinada utilizando um frasco de medição cilíndrico com uma capacidade de 3 litros. A fórmula para calcular a densidade é apresentada na equação (4.1) e o ensaio é mostrado na figura 4.5.

$$\text{Density} = \frac{\text{Weight of fully compacted concrete in the cylindrical measuring jar}}{\text{Capacity of the cylindrical measuring jar}} \quad (4.1)$$

(a) (b)

Fig. 4.5 Ensaio de densidade

4.4 PROPRIEDADES DE RESISTÊNCIA

A capacidade de carga das estruturas de betão depende das suas propriedades de resistência, que são influenciadas por factores como os materiais utilizados na produção e as condições de cura. Para medir as propriedades de resistência do betão neste projeto, foram realizados ensaios de compressão, ensaios de flexão e ensaios de módulo de elasticidade.

4.4.1 Ensaio de compressão

Um ensaio de compressão é realizado para determinar a carga máxima que um provete de betão pode suportar antes de falhar. Para este estudo, é utilizado um cubo de 150 × 150 × 150 mm para avaliar a resistência à compressão, de acordo com a norma indiana 516:1959 [34]. As amostras são sujeitas a compressão utilizando uma máquina de ensaios com uma capacidade de 2000 kN. A fórmula para calcular a resistência à compressão é apresentada na equação (4.2). O ensaio de compressão é apresentado na figura 4.6.

$$\text{Compressive strength} = \frac{\text{Maximum load at failure}}{\text{Surface area}} \tag{4.2}$$

Fig. 4.6 Ensaio de compressão

4.4.2 Ensaio de flexão

É realizado um ensaio de flexão para determinar o comportamento de deformação do betão sob carga. A rigidez e a ductilidade do betão podem ser observadas a partir deste ensaio. Utiliza-se um prisma de dimensões 100 × 100 × 500 mm para avaliar a resistência à flexão de acordo com a norma indiana 516:1959 [34]. A fórmula para calcular a resistência à flexão é dada na equação (4.3). A figura 4.7 mostra o ensaio de flexão.

$$\text{Flexural strength} = \frac{\text{3 times maximum load times span length.}}{\text{2 times width times depth squared times fracture distance}} \quad (4.3)$$

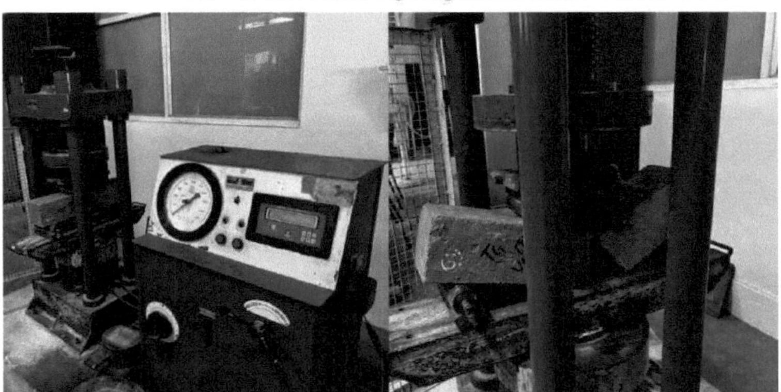

Fig. 4.7 Ensaio de flexão

4.4.3 Módulo de elasticidade

O módulo de elasticidade é realizado para determinar a rigidez do betão sob carga de compressão. É observada a relação entre a tensão aplicada e a deformação resultante. Utiliza-se um cilindro de 150 mm de diâmetro e 300 mm de comprimento para realizar a experiência, de acordo com a norma indiana 9221:1979 [35]. Um compressómetro com um relógio comparador é fixado ao cilindro, como se mostra na figura 4.8. O declive é traçado para a curva de tensão e deformação para determinar o módulo de elasticidade.

Fig. 4.8 Módulo de elasticidade

4.3 PROPRIEDADES DE DURABILIDADE

O betão está sujeito a condições ambientais extremas que podem provocar a sua deterioração. A durabilidade do betão desempenha um papel crucial na determinação da sua qualidade. Neste trabalho de investigação, procuramos avaliar a durabilidade do betão submetendo-o a ensaios de sorptividade e de resistência aos ácidos.

4.5.1 Ensaio de sorptividade

O ensaio de sorptividade é realizado para determinar a taxa de absorção de água através da ação capilar. É utilizada uma amostra de 100 mm de diâmetro e 50 mm de comprimento para o ensaio, de acordo com a norma ASTM C1585-13 [36]. O esquema da experiência é apresentado na figura 4.9. A absorção inicial é observada durante as primeiras 6 horas e a absorção secundária é observada de 6 horas a 192 horas. A absorção é calculada utilizando a equação (4). As variáveis da equação são a absorção (I), a alteração da massa (Mt) no tempo t, a área de superfície (A) e a densidade da água (D). As taxas de absorção inicial e secundária são calculadas a partir do declive de I e s /^{12} (segundo).

$$I = \frac{m_t}{a \times d} \quad (4.4)$$

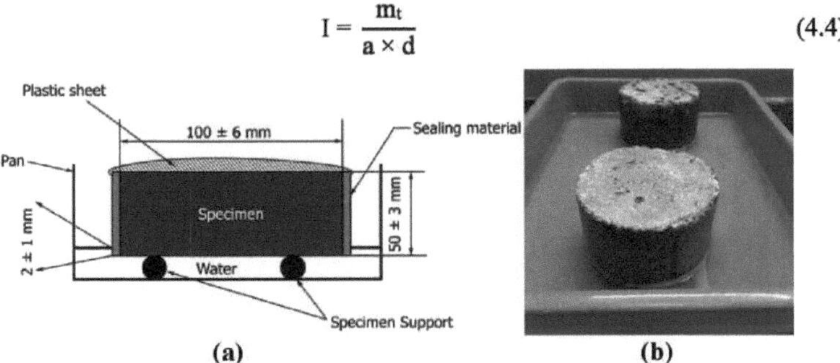

(a) (b)

Fig. 4.9 (a) Esquema do ensaio de Sorptividade; (b) Ensaio de Sorptividade
Fonte: ASTM C1585-13

4.5.2 Resistência aos ácidos

O ensaio de resistência aos ácidos é realizado para avaliar a capacidade do betão para suportar o ambiente ácido. A resistência ácida do provete é determinada pela perda de peso e pela perda de força que ocorre depois de os provetes serem expostos ao ácido sulfúrico. 5% de ácido sulfúrico é diluído em água e as amostras de tamanho 150 × 150 × 150 mm foram imersas nele durante 28 dias.

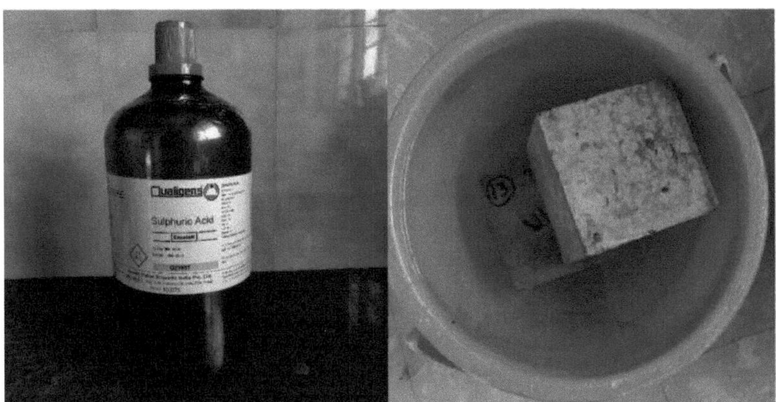

Fig. 4.10 Ensaio de ácido no betão

4.6 PROPRIEDADES MICRO ESTRUTURAIS

As propriedades microestruturais são estudadas para compreender a estrutura, a morfologia e a composição química do betão à microescala. Este estudo utiliza a microscopia eletrónica de varrimento (SEM) e a espetroscopia de dispersão de energia (EDS).

4.6.1 Análise SEM e EDS

A fim de investigar as caraterísticas a nível micro da amostra de betão, foram utilizadas duas técnicas analíticas. O MEV foi utilizado para examinar a morfologia do betão, enquanto o EDS foi utilizado para investigar a composição química. O SEM utiliza um feixe de electrões para analisar a amostra de betão, enquanto o EDS analisa a energia emitida pelos raios X para determinar a composição química da amostra. A Figura 4.10 mostra um SEM de alta resolução utilizado para este fim.

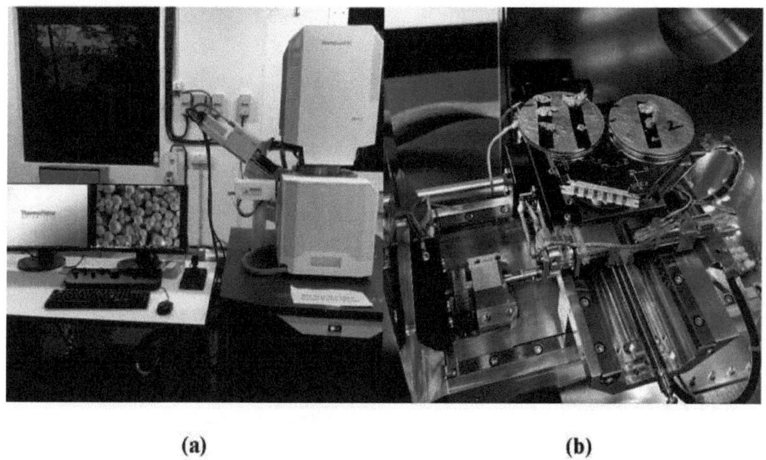

(a) **(b)**

Fig. 4.11 (a) Microscópio eletrónico de varrimento de alta resolução; (b) Amostras colocadas no microscópio.

Fonte: Instalação Central de Instrumentação do MRE

CAPÍTULO 5 : RESULTADOS E DISCUSSÃO

5.1 GERAL

Neste estudo, o betão é curado internamente utilizando vermiculite como ICA. A vermiculite é parcialmente substituída por agregado fino. As amostras foram submetidas a três tipos de condições de cura. Foram realizadas várias propriedades de resistência, propriedades de durabilidade e estudos microestruturais para avaliar a qualidade do betão curado internamente, comparando-o com o betão convencional.

5.2 PROPRIEDADES DO BETÃO FRESCO

5.2.1 Ensaio de abatimento por cone

O ensaio de abatimento do tronco de cone foi realizado em quatro misturas de betão distintas, incluindo uma mistura de controlo e três misturas induzidas pelo ACI. Os resultados do ensaio são apresentados na Tabela 5.1 e na Figura 5.1.

Quadro 5.1: Trabalhabilidade do betão fresco

Mix ID	Slump value, mm
CM	20
V10	25
V30	30
V50	40

De acordo com os resultados, o CM apresenta a menor trabalhabilidade a 20 mm, enquanto o V50 apresenta a maior trabalhabilidade a 40 mm. V10 e V30 apresentam valores intermédios de trabalhabilidade de 25 e 30 mm, respetivamente. Os resultados demonstram que a trabalhabilidade do betão aumentou com o aumento do teor de vermiculite na mistura. A melhoria da trabalhabilidade pode ser atribuída à adição de vermiculite, que é conhecida por aumentar a trabalhabilidade do betão [10]. O aumento da trabalhabilidade do material pode ser atribuído a vários factores, incluindo a redução da fricção entre as partículas, a natureza leve, a estrutura porosa e a capacidade de reter água, que são propriedades caraterísticas da vermiculite.

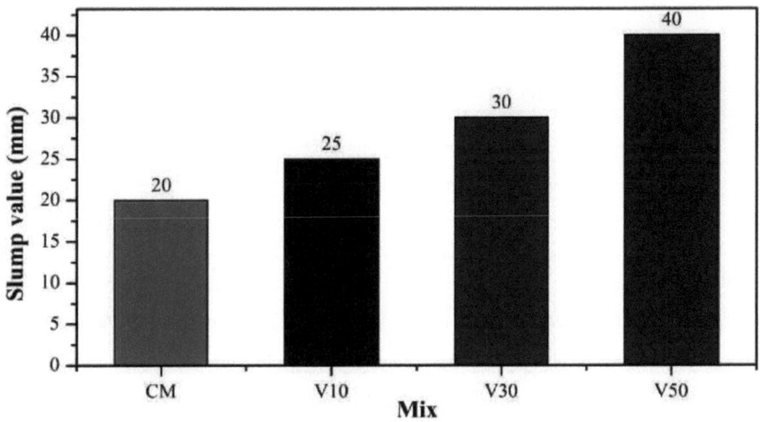

Fig. 5.1 Trabalhabilidade do betão fresco

5.2.2 Ensaio de densidade

Quatro misturas de betão diferentes, constituídas por uma mistura de controlo e três misturas induzidas com ACI, foram submetidas a um ensaio de densidade. Os resultados deste ensaio estão descritos na tabela 5.2, que é acompanhada pela figura 5.2.

Quadro 5.2: Densidade do betão fresco

Mix ID	Density, kg/m³
CM	2601.33
V10	2491.33
V30	2391.33
V50	2271.33

Os resultados dos ensaios de densidade mostraram que a densidade do betão diminuiu com o aumento do teor de vermiculite. A mistura de controlo teve uma densidade de 2601,33 kg/m^3, enquanto as misturas V10, V30 e V50 tiveram densidades de 2491,33, 2391,33 e 2271,33 kg/m^3, respetivamente. A diminuição da densidade foi observada como sendo proporcional ao aumento do teor de vermiculita. A diminuição da densidade é devida à menor densidade da vermiculita em comparação com o agregado fino. A vermiculite tem um peso específico mais baixo do que os agregados finos utilizados nas misturas de betão, resultando numa densidade global mais baixa [10].

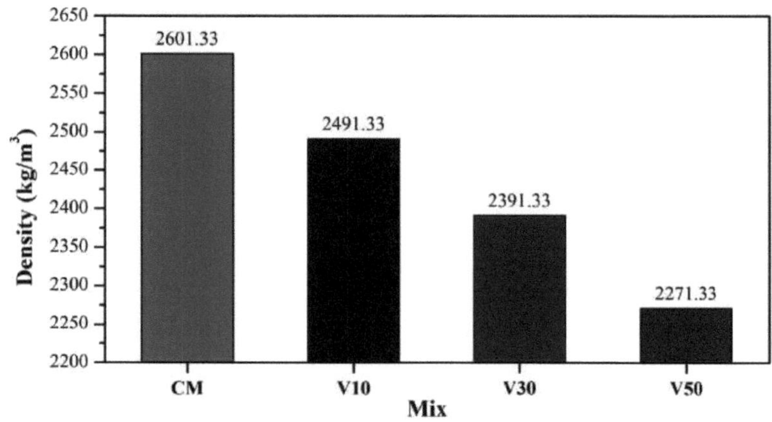

Fig. 5.2 Densidade do betão fresco

5.3 PROPRIEDADES DE RESISTÊNCIA

5.3.1 Ensaio de compressão

Neste estudo, o ensaio de compressão é efectuado em quatro misturas diferentes sujeitas a três tipos diferentes de cura. O estudo teve como objetivo investigar o efeito do betão induzido pelo ACI em comparação com uma mistura de controlo sob carga de compressão. Os resultados do ensaio de compressão são apresentados na tabela 5.3 e na figura 5.3. A alteração da resistência à compressão é apresentada na figura 5.4.

Os resultados indicam que a utilização de vermiculite como ACI pode melhorar a resistência à compressão do betão. O betão com 10% de vermiculite como ACI mostrou um aumento da resistência à compressão em comparação com o betão sem qualquer agente de cura interno. A melhoria da resistência à compressão é mais significativa no caso da cura em lagoa e da cura à temperatura ambiente do que no caso da cura em embalagem.

Tabela 5.3: Resistência à compressão em diferentes condições de cura e com diferentes rácios de substituição de vermiculite.

Mix ID	Curing condition	Compressive strength, N/mm²		
		3 days	7 days	28 days
CC	Pond	10.50	23.50	38.00
V10		12.35	31.60	40.76
V30		5.18	10.44	19.36
V50		3.81	8.80	12.71
CC	Wrapped	8.10	19.00	37.00
V10		11.37	32.36	38.50
V30		3.90	10.49	13.73
V50		3.40	9.64	13.51
CC	Ambient	11.80	24.60	37.82
V10		12.68	29.24	39.73
V30		4.50	10.48	15.02
V50		3.30	8.40	11.00

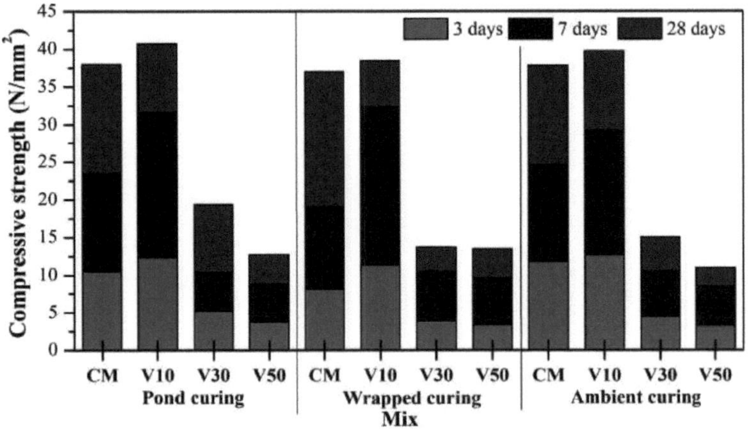

Fig. 5.3 Resistência à compressão em diferentes condições de cura e variando o rácio de substituição da vermiculite.

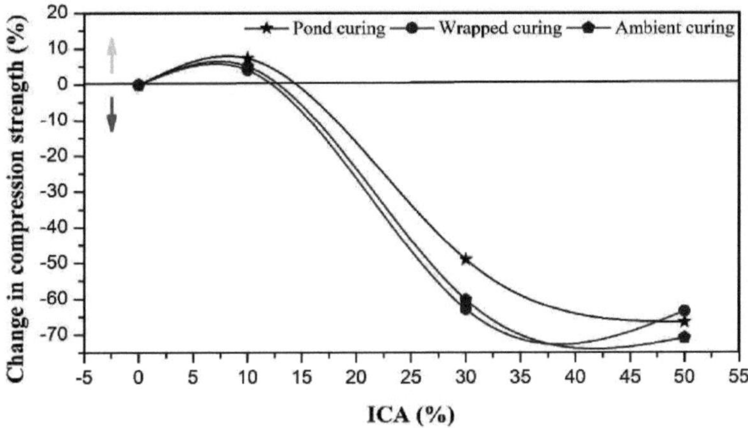

Fig. 5.4 Alteração da resistência à compressão do betão induzido pelo ACI em comparação com a mistura de controlo.

No entanto, a utilização de percentagens mais elevadas de vermiculite como ACI mostrou uma diminuição da resistência à compressão. O betão com 30% e 50% de vermiculite como ACI apresentou uma diminuição significativa da resistência à compressão em comparação com o betão sem qualquer agente de cura interno. Isto deve-se provavelmente ao aumento da capacidade de absorção de água da vermiculite, que afecta a relação água-cimento da mistura de betão e conduz a uma menor resistência à compressão [10].

Por conseguinte, pode concluir-se que a utilização de vermiculite como ACI no betão pode ser benéfica para aumentar a resistência à compressão do betão se for utilizada numa quantidade adequada. No entanto, a percentagem de vermiculite utilizada como ACI deve ser optimizada para atingir a resistência à compressão desejada sem comprometer a relação água-cimento.

5.3.2 Ensaio de resistência à flexão

O ensaio de resistência à flexão foi realizado em quatro misturas de betão distintas, que foram submetidas a três tipos diferentes de cura. O objetivo principal era examinar a influência da incorporação de betão induzido por ACI em comparação com uma mistura de controlo sob carga de flexão. Os resultados do ensaio de resistência à flexão são descritos a seguir

na tabela 5.4 e demonstrados na figura 5.5. A alteração da resistência à flexão é apresentada na figura 5.6.

Os resultados indicam que a utilização de vermiculite como ACI tem um efeito positivo na resistência à flexão do betão. Os espécimes com 10% e 30% de vermiculite mostraram um aumento da resistência à flexão em comparação com os espécimes sem qualquer agente de cura interno. Isto é atribuído à capacidade da vermiculite para manter o betão húmido e reduzir a retração, que pode levar à fissuração e à redução da resistência.

No entanto, é interessante notar que os espécimes com 50% de vermiculite apresentaram uma resistência à flexão reduzida em comparação com os espécimes com 10% e 30% de vermiculite. Isto pode dever-se ao excesso de absorção de água pela vermiculite, o que pode levar a um aumento da porosidade e a uma redução da resistência. A otimização da quantidade de agente de cura interno é crucial para atingir a resistência pretendida.

Tabela 5.4: Resistência à flexão em diferentes condições de cura e com diferentes rácios de substituição de vermiculite.

Mix ID	Curing condition	Flexural strength, N/mm^2		
		3 days	7 days	28 days
CC	Pond	1.60	2.40	5.46
V10		1.70	2.70	5.88
V30		1.40	2.26	5.04
V50		1.30	2.10	4.59
CC	Wrapped	1.62	2.16	5.40
V10		1.75	2.40	5.85
V30		1.44	2.10	4.80
V50		1.20	1.70	4.29
CC	Ambient	1.45	2.10	5.10
V10		1.62	2.30	5.40
V30		1.20	1.60	4.05
V50		0.80	1.03	3.15

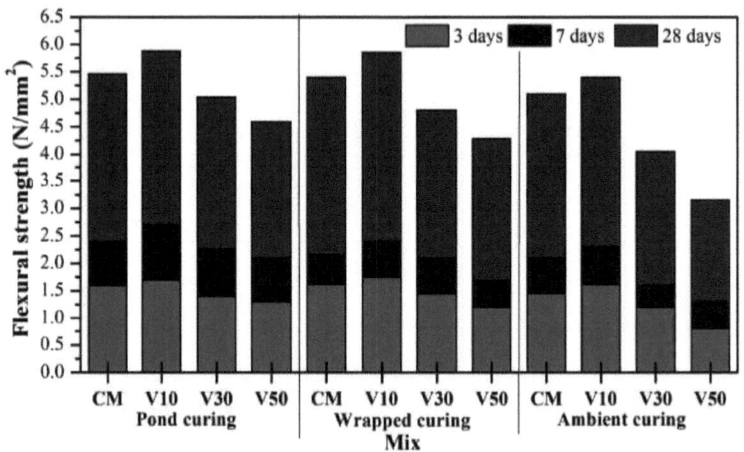

Fig. 5.5 Resistência à flexão em diferentes condições de cura e com diferentes rácios de substituição de vermiculite

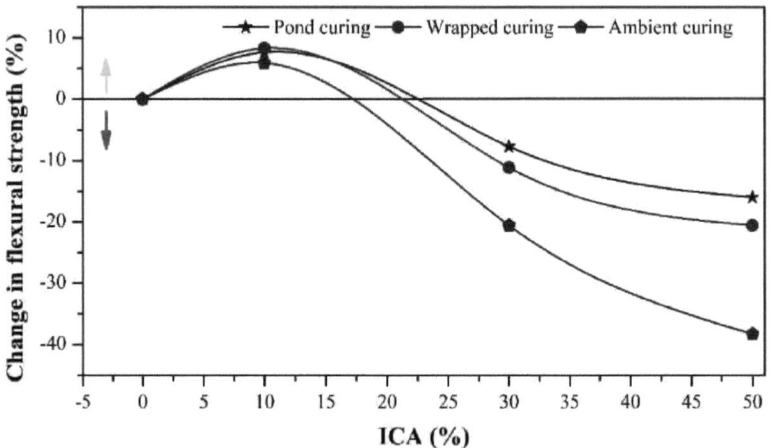

Fig. 5.6 Alteração da resistência à flexão do betão induzido pelo ACI em comparação com a mistura de controlo.

Os resultados também indicam que a condição de cura tem uma influência significativa na resistência do betão. Os espécimes curados em tanque de cura apresentaram a resistência à flexão mais elevada, seguidos da cura em embalagem e da cura à temperatura ambiente. Isto pode ser atribuído ao fornecimento contínuo de humidade ao betão na cura em tanque, o que ajuda a manter o nível necessário de hidratação e desenvolvimento de resistência. Os espécimes na cura à temperatura ambiente apresentaram a resistência mais baixa, o que se deve à falta de humidade e à cura lenta.

5.3.3 Módulo de elasticidade

Para determinar o módulo de Young, quatro misturas de betão diferentes foram submetidas a três métodos de cura diferentes. O principal objetivo da experiência era investigar a influência da incorporação de betão induzido pelo ACI em comparação com uma mistura de controlo. Os resultados do ensaio são apresentados na tabela 5.5 e ilustrados na figura 5.7. A alteração do módulo de elasticidade é apresentada na figura 5.8.

Os resultados mostram que o betão do tipo M30 sem qualquer agente de cura interno tinha um módulo de Young mais baixo em condições de cura à temperatura ambiente, em comparação com as condições de cura em tanque e embrulhado. Isto pode ser atribuído ao facto de as condições de cura à temperatura ambiente não serem geralmente favoráveis para que o betão ganhe resistência e rigidez rapidamente, razão pela qual se prefere a cura em ambientes controlados, como o tanque ou as condições de envolvimento.

Quando 10% de ACI foi adicionado ao betão de grau M30, o módulo de Young aumentou em comparação com o betão sem qualquer agente de cura interno. Isto indica que o ACI é eficaz na melhoria da rigidez do betão, uma vez que o agente de cura interno fornece humidade adicional ao betão e ajuda na cura.

No entanto, quando a percentagem de agente de cura interno foi aumentada para 30% e 50%, o módulo de Young diminuiu em comparação com o betão com 10% de agente de cura interno. Isto pode ser esclarecido pelo facto de, com percentagens mais elevadas de agente de cura interno, o betão se tornar mais poroso e menos denso, o que pode reduzir a sua rigidez.

Tabela 5.5: Módulo de elasticidade em diferentes condições de cura e variando o rácio de substituição de vermiculite.

Mix ID	Curing condition	Modulus of elasticity, N/mm²	
		7 days	28 days
CC	Pond	27431.64	30822.07
V10		28379.00	31886.51
V30		19900.00	22360.67
V50		16650.36	18708.28
CC	Wrapped	25173.00	28284.27
V10		27399.00	30785.54
V30		17234.70	19364.91
V50		16356.39	18377.97
CC	Ambient	27366.59	30748.98
V10		28066.76	31535.69
V30		17800.00	20000.00
V50		15156.14	17029.38

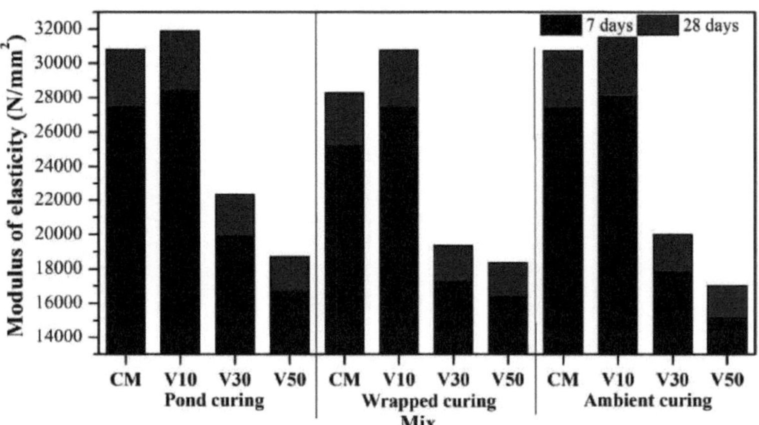

Fig. 5.7 Módulo de elasticidade em diferentes condições de cura e variando o rácio de substituição da vermiculite.

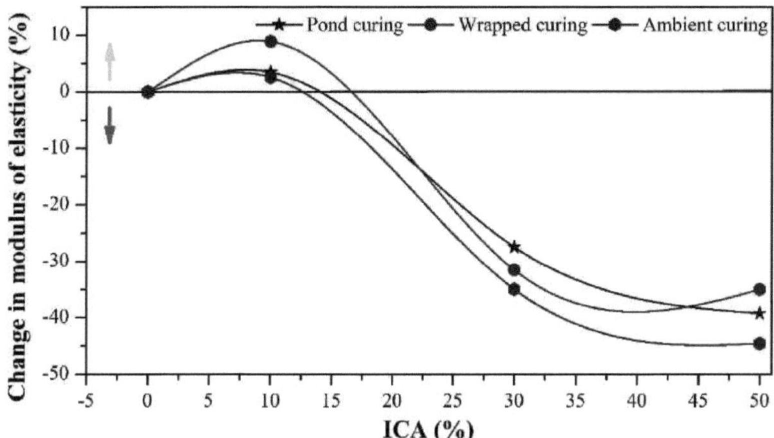

Fig. 5.8 Alteração do módulo de elasticidade do betão induzido pelo ACI em comparação com a mistura de controlo.

5.4 PROPRIEDADES DE DURABILIDADE

5.4.1 Ensaio de sorptividade

O ensaio de sorptividade é realizado em quatro variações diferentes de betão, sujeitas a três tipos diferentes de cura, para determinar a taxa de absorção de água por ação capilar. O objetivo é avaliar o impacto da vermiculite como ACI na taxa de absorção de água. A taxa de absorção inicial (IRA) e a taxa de absorção secundária (SRA) foram medidas em 10^{-4} **mm/Vs.** Os resultados são apresentados na tabela 5.6 e na figura 5.9. A alteração da absorção inicial e secundária é ilustrada na figura 5.10.

Os resultados sugerem que a utilização de vermiculite como ACI tem um efeito significativo na taxa de absorção de água do betão. Os resultados demonstram que, à medida que a percentagem de vermiculite aumenta na mistura de betão, o IRA e o SRA também aumentam.

No caso do betão sem qualquer agente de cura interno, os valores de IRA e SRA foram de 14,4 e 4,6, respetivamente, na cura em tanque. Os mesmos valores foram observados para a cura em envoltório. No entanto, na cura à temperatura ambiente, os valores de IRA e SRA foram ligeiramente superiores, com 14,9 e 4,7, respetivamente. Isto implica que a condição de cura tem um efeito na taxa de absorção de água, com a cura à temperatura ambiente a conduzir a uma taxa de absorção ligeiramente superior.

Tabela 5.6: Taxa de absorção de água por ação capilar em diferentes condições de cura e variando o rácio de substituição de vermiculite.

Mix ID	Curing condition	Absorption, 10^{-4} mm/√s	
		Initial	Secondary
CC	Pond	14.4	4.6
V10		15	4.8
V30		16.4	5.4
V50		20.2	6.1
CC	Wrapped	14.5	4.6
V10		15.5	4.9
V30		16.6	5.6
V50		20.3	5.6
CC	Ambient	14.9	4.7
V10		15.8	5.1
V30		16.9	5.6
V50		20.7	6.2

Quando 10% de vermiculite foi utilizada como ACI no betão de grau M30, os valores de IRA e SRA aumentaram para 15 e 4,8, respetivamente, na cura em tanque. Da mesma forma, na cura em estufa, os valores de IRA e SRA aumentaram para 15,5 e 4,9, respetivamente. Na cura à temperatura ambiente, os valores de IRA e SRA foram significativamente mais elevados, com 15,8 e 5,1, respetivamente. Isto sugere que a utilização de vermiculite como agente ICA melhora a taxa de absorção de água no betão em diferentes condições de cura.

À medida que a percentagem de vermiculite aumentou para 30%, os valores de IRA e SRA aumentaram ainda mais para 16,4 e 5,4, respetivamente, na cura em tanque, enquanto que na cura em invólucro, os valores foram 16,6 e 5,6, respetivamente. Na cura à temperatura ambiente, os valores de IRA e SRA foram 16,9 e 5,6, respetivamente. Isto indica que uma maior percentagem de vermiculite conduz a uma maior taxa de absorção de água no betão.

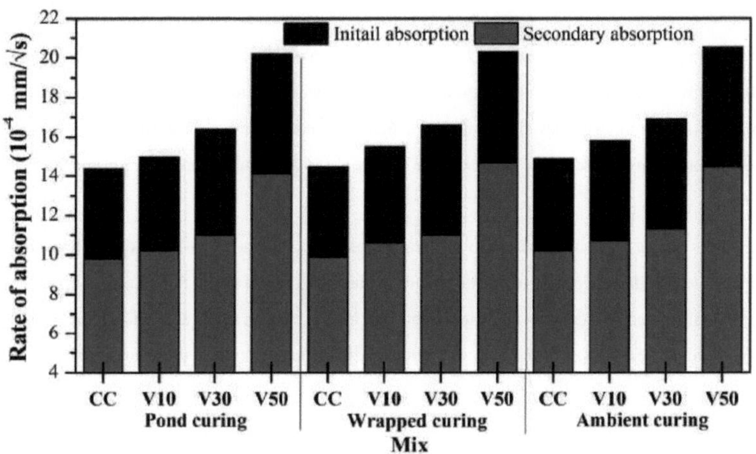

Fig. 5.9 Taxa de absorção de água por ação capilar em diferentes condições de cura e variando a razão de substituição da vermiculite.

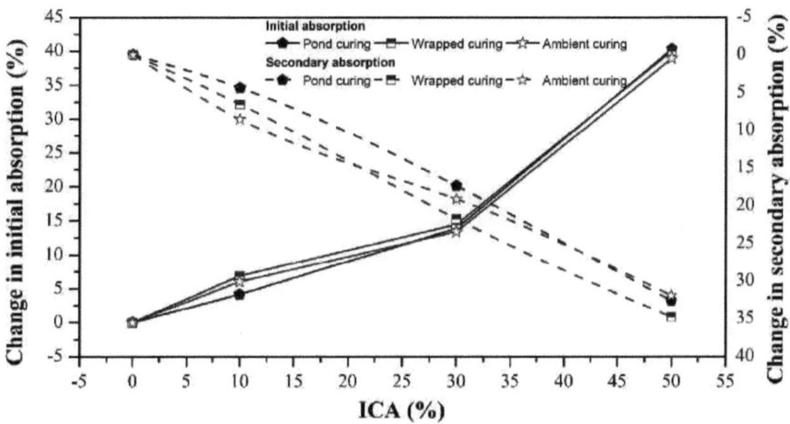

Fig. 5.10 Alteração da taxa de absorção inicial e secundária do betão induzido pelo ACI em comparação com a mistura de controlo.

Finalmente, quando se utilizou 50% de vermiculite como ACI, os valores do IRA e do SRA aumentaram significativamente para 20,2 e 6,1, respetivamente, na cura em tanque, enquanto que na cura em invólucro, os valores foram 20,3 e 5,6, respetivamente. Na cura à temperatura ambiente, os valores de IRA e SRA foram os mais elevados, com 20,7 e 6,2, respetivamente. Estes resultados indicam que uma maior percentagem de vermiculite conduz a uma taxa de absorção de água significativamente mais elevada no betão.

É de notar que o aumento da taxa de absorção de água é considerado um efeito negativo, uma vez que pode levar a problemas de durabilidade nas estruturas de betão. Por conseguinte, a utilização de vermiculite como ACI deve ser cuidadosamente equilibrada para garantir que o betão atinge a resistência e a durabilidade desejadas, minimizando os efeitos negativos do aumento da absorção de água.

5.4.2 Resistência aos ácidos

O ensaio de resistência aos ácidos é realizado em quatro variações diferentes de betão em três condições de cura diferentes. Este ensaio é realizado para determinar a resistência do betão ao ácido, medindo a perda de resistência e a perda de peso do betão quando exposto ao ácido sulfúrico. Os resultados são apresentados na tabela 5.7 e nas figuras 5.7 e 5.8.

Observa-se que, à medida que a percentagem de vermiculite aumenta, a perda de resistência e a perda de peso diminuem em todas as condições de cura. Isto sugere que a adição de vermiculite aumenta a resistência ácida do betão.

Em condições de cura em tanque, o betão de grau M30 sem qualquer agente de cura interno apresenta uma perda de resistência de 10,52% e uma perda de peso de 4,16%. No entanto, quando se utiliza 10% de vermiculite como ICA, a perda de resistência reduz-se para 8,58% e a perda de peso para 3,51%. A redução da perda de resistência e da perda de peso é ainda mais significativa quando 30% e 50% de vermiculite são utilizados como agentes de cura internos. O betão de grau M30 com 50% de agente de cura interno apresenta a menor perda de resistência de 5,58% e perda de peso de 2,88% em condições de cura em tanque.

Tabela 5.7: Resistência ácida em diferentes condições de cura e com diferentes rácios de substituição de vermiculite.

Mix ID	Curing condition	Loss, %	
		Strength	Weight
CC	Pond	10.52	4.16
V10		8.58	3.51
V30		6.67	3.09
V50		5.58	2.88
CC	Wrapped	10.57	4.38
V10		8.80	3.62
V30		6.62	3.19
V50		5.65	2.92
CC	Ambient	10.71	4.50
V10		8.80	3.72
V30		6.6	3.36
V50		5.8	3.01

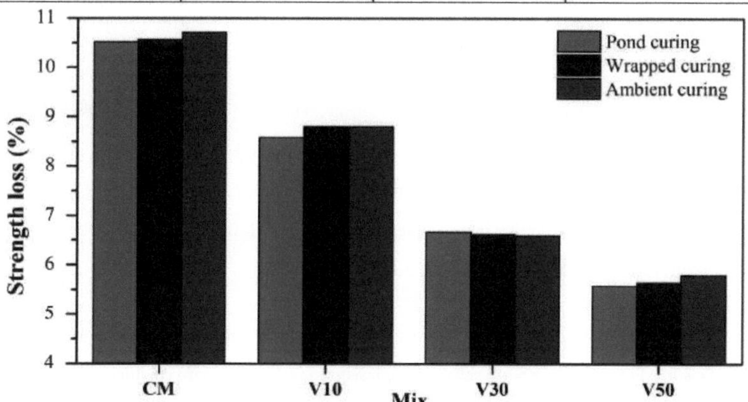

Fig. 5.11 Perda de resistência em diferentes condições de cura e variando o rácio de substituição da vermiculite.

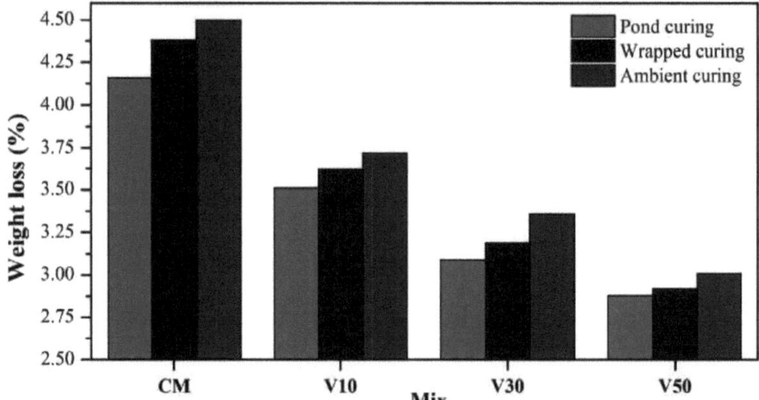

Fig. 5.12 Perda de peso em diferentes condições de cura e variando o rácio de substituição da vermiculite.

Na condição de cura embrulhada, o betão de grau M30 sem qualquer agente de cura interno apresenta uma perda de resistência de 10,57% e uma perda de peso de 4,38%. A utilização de vermiculite como ACI reduz a perda de resistência e a perda de peso também nesta condição. O betão de grau M30 com 50% de agente de cura interno apresenta a menor perda de resistência de 5,65% e uma perda de peso de 2,92% na condição de cura embrulhada.

Na condição de cura à temperatura ambiente, o betão do tipo M30 sem qualquer agente de cura interno apresenta uma perda de resistência de 10,71% e uma perda de peso de 4,50%. A utilização de vermiculite como ACI também reduz a perda de resistência e a perda de peso nesta condição. O betão do tipo M30 com 50% de agente de cura interno apresenta a menor perda de resistência de 5,8% e uma perda de peso de 3,01% na condição de cura à temperatura ambiente.

Em resumo, os dados sugerem que a utilização de vermiculite como agente ICA melhora a resistência ácida do betão, reduzindo a sua perda de resistência e perda de peso em diferentes condições de cura. A adição de vermiculite em percentagens mais elevadas resulta numa melhor resistência aos ácidos.

5.4 PROPRIEDADES MICRO ESTRUTURAIS

5.4.1 Análise SEM e EDS

O SEM e o EDS são efectuados no ACI e em quatro amostras de betão diferentes com três condições de cura. A experiência é conduzida para estudar a morfologia e a composição química das amostras.

A análise SEM da morfologia da vermiculite, como se mostra na figura 5.13, demonstra a natureza porosa do material, o que facilita a sua capacidade de reter a humidade durante longos períodos. A vermiculite também é composta por folhas de camadas, proporcionando estabilidade estrutural e mantendo a sua elevada capacidade de retenção de humidade.

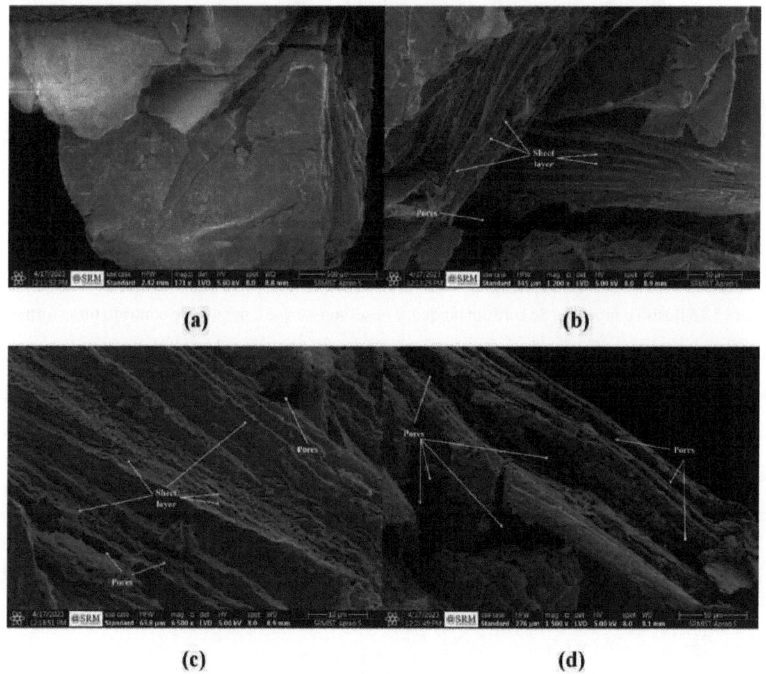

Fig. 5.13 Imagens SEM da vermiculite

A análise EDS da vermiculite, como ilustrado na figura 5.14, mostra a presença de vários elementos, incluindo silício, ferro, alumínio, magnésio e **outros elementos de quartzo. Estes minerais presentes na vermiculite podem aumentar a resistência e a durabilidade do betão quando utilizados como componentes da sua mistura.**

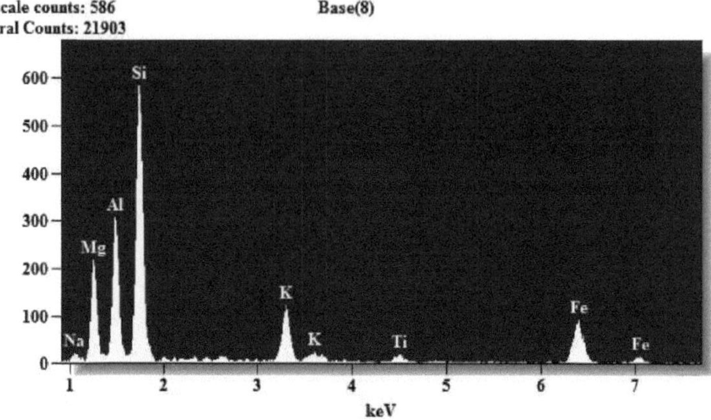

Fig. 5.14 EDS da vermiculite

A Figura 5.15 ilustra o processo de cura em tanque, e observou-se que a mistura de controlo tinha formações de C-S-H, poros e produtos não hidratados. A formação de C-S-H foi melhorada em V10, V30 e V50 quando comparada com a mistura de controlo, possivelmente devido ao efeito de cura interna. O aumento da adição de vermiculita em V30 e V50 resultou em maior formação de poros. Pode observar-se que o tamanho dos poros aumenta quando o teor de vermiculite aumenta no betão. A formação de poros pode afetar negativamente a resistência do betão, o que é observado no ensaio de propriedades de resistência.

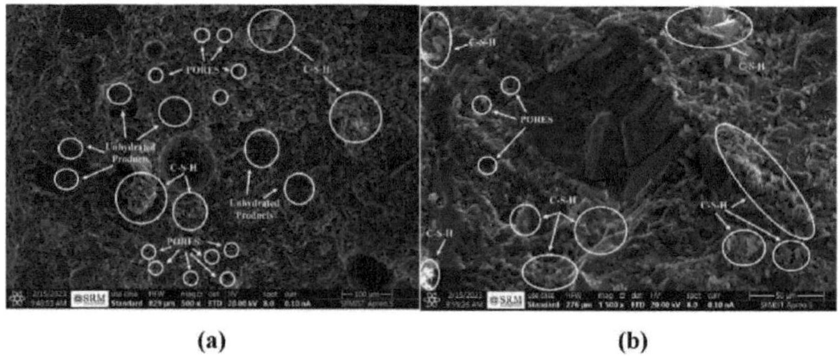

(a) (b)

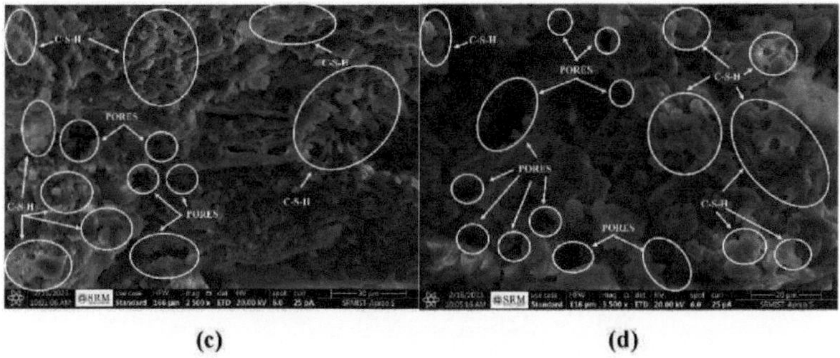

(c) (d)

Fig. 5.15 Imagens SEM de espécimes curados em tanque (a) mistura de controlo (b) mistura V10 (c) mistura V30 (d) mistura V50.

A Figura 5.16 mostra o EDS dos espécimes curados em tanques, a existência de C-S-H pode ser confirmada pela presença de cálcio, oxigénio e silício. A melhoria do C-S-H pode ser observada nos espécimes induzidos por vermiculite. Isto pode dever-se ao efeito IC.

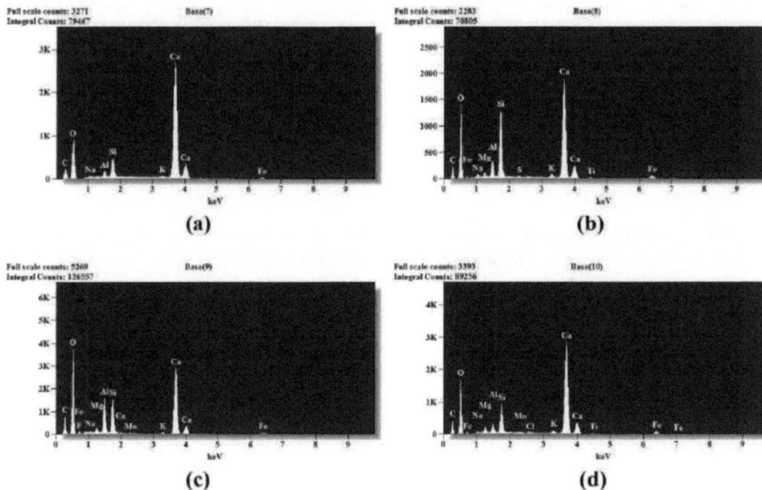

Fig. 5.16 EDS de espécimes curados em tanque (a) mistura de controlo (b) mistura V10 (c) mistura V30 (d) mistura V50.

A Figura 5.17 apresenta o processo de cura embrulhado, onde se observou que a mistura de controlo não sofreu uma hidratação adequada devido à humidade insuficiente.

No entanto, V10, V30 e V50 apresentaram uma excelente hidratação, possivelmente devido ao efeito de cura interna. V10 tinha um número menor de poros, enquanto V30 e V50 tinham um número maior de poros. A redução dos poros em V10 ajuda a melhorar as propriedades de resistência e o aumento dos poros em V30 e V50 reduz a resistência do betão.

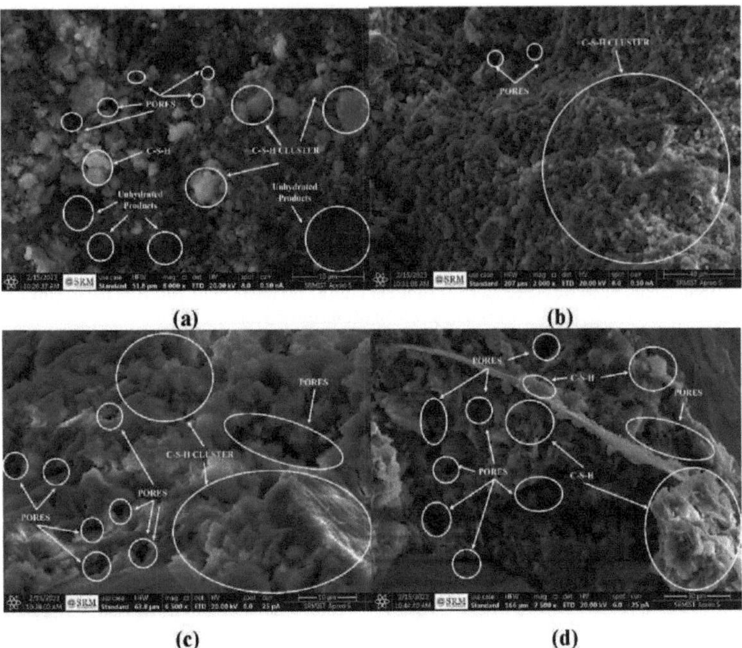

Fig. 5.17 Imagens SEM de espécimes curados envolvidos (a) mistura de controlo (b) mistura V10 (c) mistura V30 (d) mistura V50.

A Figura 5.18 mostra a análise EDS dos espécimes curados com invólucro. A formação de C-S-H pode ser confirmada pela existência de silicone, oxigénio e cálcio. A formação de C-S-H é melhorada quando o teor de vermiculite aumenta no betão.

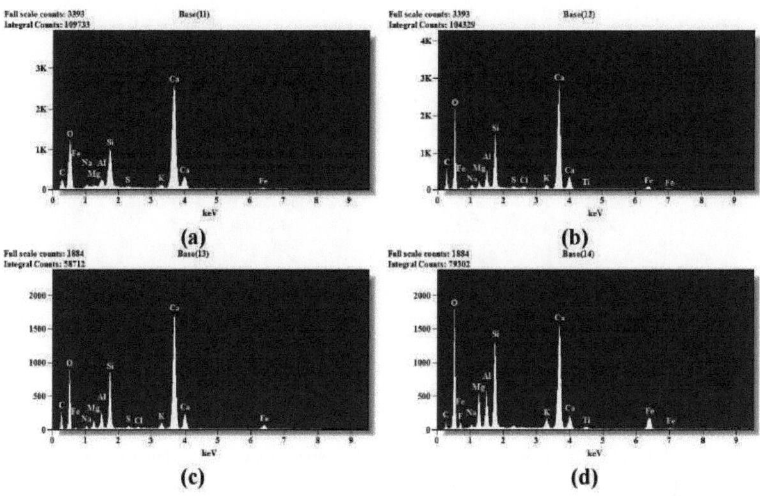

Fig. 5.18 EDS de espécimes curados embalados (a) mistura de controlo (b) mistura V10 (c) mistura V30 (d) mistura V50.

A Figura 5.19 ilustra o processo de cura à temperatura ambiente, onde se observaram mais poros na mistura de controlo, V10, V30 e V50. A mistura de controlo, V30 e V50 não sofreram uma hidratação adequada devido à perda de humidade causada pela evaporação. A V10 apresentou uma melhor hidratação, mas com um aumento do número de poros. A formação de poros leva à redução das propriedades de resistência.

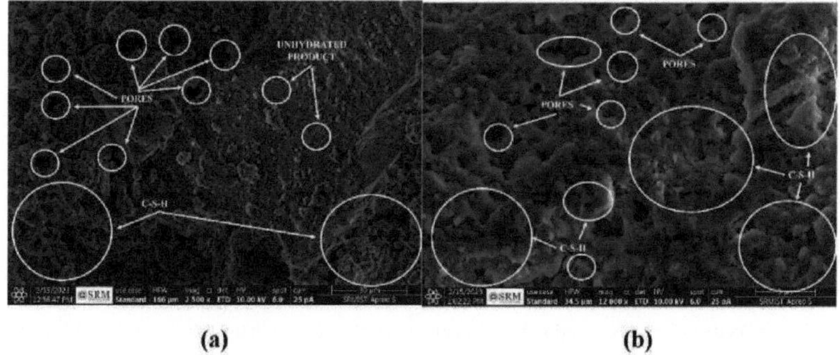

(a) **(b)**

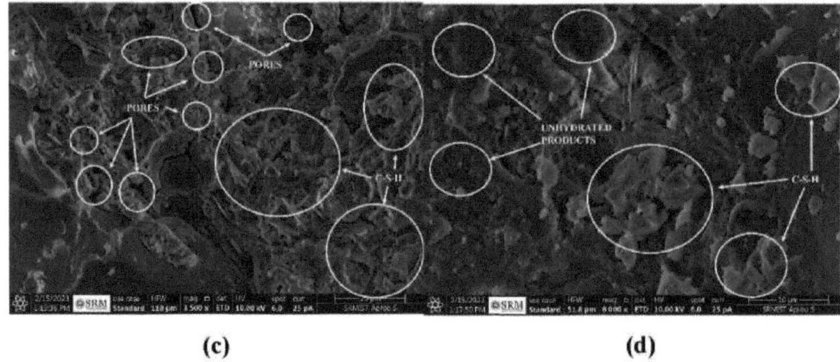

(c) (d)

Fig. 5.19 Imagens SEM de espécimes curados à temperatura ambiente (a) Mistura de controlo (b) Mistura V10 (c) Mistura V30 (d) Mistura V50.

A Figura 5.20 apresenta a análise EDS dos espécimes curados à temperatura ambiente. A existência de C-S-H está relacionada com a presença de silicone, oxigénio e cálcio. A formação de C-S-H é melhor nas amostras induzidas por vermiculite. Mas a formação é fraca em comparação com as amostras curadas em tanque e curadas em embalagem. Isto deve-se à perda do teor de humidade.

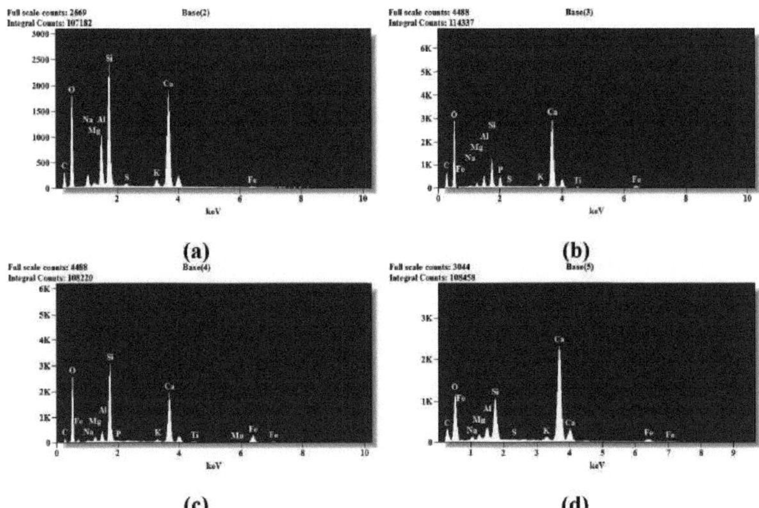

(c) (d)

Fig. 5.20 EDS de espécimes curados à temperatura ambiente (a) Mistura de controlo (b) Mistura V10 (c) Mistura V30 (d) Mistura V50.

O efeito de cura interna desempenha um papel significativo no reforço da hidratação, enquanto um aumento da vermiculite conduz a um aumento do número de poros nas amostras. A análise

EDS confirma a presença de C-S-H, que é o principal produto da hidratação.

CAPÍTULO 6: CONCLUSÃO

6.1 GERAL

A vermiculite pré-umedecida é utilizada como agente de cura interno, substituindo o agregado fino em 10, 30 e 50% do volume. As qualidades de resistência e durabilidade do betão foram testadas e comparadas com as do betão convencional.

6.2 CONCLUSÕES

- A trabalhabilidade do betão aumentou com o aumento da vermiculite na mistura.
- A redução da densidade foi observada como sendo proporcional ao aumento do teor de vermiculite.
- Em comparação com o CM, a resistência à compressão da mistura V10 apresentou um aumento de cerca de 7%, enquanto as misturas V30 e V50 registaram uma diminuição de 60% e 70%, respetivamente.
- A inclusão de 10 % de vermiculite como ACI resultou num aumento da resistência à compressão em comparação com o betão sem qualquer agente de cura interno.
- A melhoria da resistência à compressão foi mais significativa na cura em tanque e na cura à temperatura ambiente do que na cura em embalagem.
- A utilização de percentagens mais elevadas de vermiculite como ICA mostrou uma diminuição da resistência à compressão.
- Em comparação com a mistura de controlo, a mistura V10 mostrou um aumento de aproximadamente 8% na resistência à flexão, enquanto que as misturas V30 e V50 mostraram uma diminuição de 20 e 30%, respetivamente.
- Os espécimes com 10 e 30 % de vermiculite mostraram um aumento na resistência à flexão em comparação com os espécimes sem qualquer agente de cura interno.
- Os espécimes com 50 % de vermiculite mostraram uma resistência à flexão reduzida em comparação com os espécimes com 10 e 30 % de vermiculite.
- Em comparação com a mistura de controlo, a mistura V10 demonstrou um aumento de aproximadamente 9% no módulo de elasticidade, enquanto as misturas V30 e V50 sofreram uma diminuição de 35 e 45%, respetivamente.
- Quando 10 % de ACI foi adicionado ao betão de grau M30, o módulo de Young aumentou em comparação com o betão sem ACI.
- Quando a percentagem de ACI foi aumentada para 30 e 50 %, o módulo de Young diminuiu em comparação com o betão com 10 % de agente de cura interno.
- O teste de sorptividade indicou que uma percentagem mais elevada de vermiculite conduz a uma taxa significativamente mais elevada de absorção de água no betão sob várias condições de cura.

- À medida que a percentagem de vermiculite aumenta, a perda de resistência e a perda de peso diminuem em todas as condições de cura. Isto sugere que a adição de vermiculite aumenta a resistência ácida do betão.
- A vermiculite é constituída por folhas estratificadas, como o indica a sua morfologia.
- As imagens SEM mostram a presença de C-S-H. A análise EDS confirma a presença de C-S-H, o principal produto da hidratação.
- Em geral, a utilização da vermiculite como ACI no betão tem o potencial de melhorar as suas propriedades e desempenho.

PROJECTO DE MISTURA DE BETÃO DE GRAU M30

1. Data

(a)	Grade of concrete	:	M30
(b)	Cement used	:	OPC – 53 grade
(c)	Maximum cement content	:	450 kg/m^3
(d)	Chemical admixture	:	NIL
(e)	Specific gravity of cement	:	3.1
(f)	Specific gravity of coarse aggregate	:	2.6
(g)	Specific gravity of fine aggregate	:	2.55
(h)	Specific gravity of vermiculite	:	1.17
(i)	Air content	:	1 %
(j)	Water to cement ratio	:	0.45

2. Target strength

$f'_{ck} = f_{ck} + 1.65\,S$ S = 5 N/mm^2, from table 2

$= 30 + (1.65 \times 5)$

$= 38.25$ N/mm^2

$f'_{ck} = f_{ck} + X$

$= 30 + 6.5$

$= 36.50$ N/mm^2 X = 6.5, from table 1

Higher value to be adopted, therefore target strength is 38.28 N/mm^2.

3. Selection of water content

For 75 mm $= 186 + \frac{3 \times 186}{100}$ Water content from table 4

$= 191.58$ kg

4. Cement content

$$= \frac{191.58}{0.45}$$

$= 425.73\ kg/m^3$

5. Volume of coarse aggregate and fine aggregate

CA = 0.63 From table 5, Zone II

FA = 1 - 0.63

= 0.37

6. Mix calculation

a) Total volume of concrete = 1 m^3

b) Volume of air entrapped = 0.01 m^3

c) Volume of cement = $\frac{\text{Mass of cement}}{\text{Specific gravity of cement}} \times \frac{1}{1000}$

$$= \frac{425.73}{3.1} \times \frac{1}{1000}$$

$= 0.137\ m^3$

d) Volume of water = $\frac{\text{Mass of water}}{\text{Specific gravity of water}} \times \frac{1}{1000}$

$$= \frac{191.58}{1} \times \frac{1}{1000}$$

$= 0.191\ m^3$

e) Volume of all in aggregate = [(a – b) – (c + d)]

$= [(1 - 0.01) - (0.137 + 0.191)]$

$= 0.662\ m^3$

f) Mass of coarse aggregate = e × Volume of coarse aggregate × Specific gravity of coarse aggregate × 1000

$= 0.662 \times 0.63 \times 2.7 \times 1000$

= 1108.18 kg ≈ 1100 kg

g) Mass of fine aggregate for control mix

$= e \times$ Volume of fine aggregate $\times$ Specific gravity of fine aggregate $\times 1000$

$= 0.662 \times 0.37 \times 2.47 \times 1000$

$= 606.88$ kg

h) Mass of ICA for V10 mix

$= e \times$ Volume of fine aggregate $\times 0.1 \times$ Specific gravity of ICA $\times 1000$

$= 0.662 \times 0.37 \times 0.1 \times 1.17 \times 1000$

$= 28.9$ kg

i) Mass of ICA for V30 mix

$= e \times$ Volume of fine aggregate $\times 0.3 \times$ Specific gravity of ICA $\times 1000$

$= 0.662 \times 0.37 \times 0.3 \times 1.17 \times 1000$

$= 86.65$ kg

i) Mass of ICA for V50 mix

$= e \times$ Volume of fine aggregate $\times 0.5 \times$ Specific gravity of ICA $\times 1000$

$= 0.662 \times 0.37 \times 0.5 \times 1.17 \times 1000$

$= 139.41$ kg

j) Mass of fine aggregate for V10 mix

$= 606.88 - 28.9$

$= 578.87$ kg

j) Mass of fine aggregate for V30 mix

$= 606.88 - 86.65$

$= 523.33$ kg

k) Mass of fine aggregate for V30 mix

$= 606.88 - 139.41$

$= 467.47$ kg

Proporção da mistura (kg/m)³

Mix ID	CM	V10	V30	V50
Cement	425.73	425.73	425.73	425.73
Fine aggregate	606.88	578.87	523.33	467.47
Vermiculite (ICA)	-	28.90	86.65	139.41
Coarse aggregate	1100	1100	1100	1100
Water	191.60	191.60	191.60	191.60
w/c	0.45	0.45	0.45	0.45

Rácio de mistura

Mix ID	Cement	Fine aggregate	ICA	Coarse aggregate	Water
CM	1	1.42	-	2.58	0.45
V10	1	1.35	0.067	2.58	0.45
V30	1	1.23	0.203	2.58	0.45
V50	1	1.09	0.327	2.58	0.45

REFERÊNCIAS

[1] V. Gokulanathan, K. Arun e P. Priyadharshini (2021), "Propriedades **frescas e endurecidas** de cinco betões misturados e curados com água não potável: Uma **revisão abrangente, "*Construção e Materiais de Construção,*** Elsevier Ltd. vol. 309. doi: 10.1016 / j.conbuildmat.2021.125089.

[2] Instituto Americano do Betão. (2013), **"Report on internally cured concrete using prewetted absorptive lightweight aggregate",** ***ACI (308-213) R-13,*** pp. 1-12.

[3] B. Zhang e C. S. Poon. (2017), **"Efeito de cura interna da** incorporação de **alto volume de** cinzas de fundo de forno (FBA) em **concreto** agregado leve**",** ***Journal of Sustainable Cement Based Materials,*** vol. 6, no. 6, pp. 366-383, doi: 10.1080/21650373.2017.1299053.

[4] A. Paul e M. Lopez. (2011), "Assessing lightweight aggregate efficiency for maximizando o desempenho da cura interna", ***International Journal of Pavement Engineering,*** vol. 12, no. 3, pp. 215-228, https://www.researchgate.net/publication/274381870

[5] L. Yang, X. Ma, X. Hu, J. Liu, Z. Wu e C. Shi. (2022) **"Produção de** agregados leves a partir de rejeitos de bauxita para a cura interna de **argamassas** de alta **resistência",** ***Construction and Building Materials,*** vol. 341, doi: 10.1016/j.conbuildmat.2022.127800.

[6] M. Kazemian e B. Shafei. (2022), "Capacidades de **cura interna** de zeolite to improve the hydration of ultra-high **performance concrete,"** ***Construction and Building Materials,*** vol. 340, pp. 1-13, doi: 10.1016/j.conbuildmat.2022.127452.

[7] M. El-Hawary e A. Al-Sulily. (2020), **"Internal curing of** recycled **aggregates concrete,"** ***Journal of Cleaner Production,*** vol. 275, doi: 10.1016/jjclepro.2020.122911.

[8] F. Xu, X. Lin, A. Zhou, e Q. feng Liu. (2022), **"Effects of recycled ceramic aggregates on internal curing of high performance concrete",** ***Construction and Building Materials,*** vol. 322, pp. 1-13, doi: 10.1016/j.conbuildmat.2022.126484.

[9] A. K. Akhnoukh. (2018), **"Internal curing of concrete using lightweight aggregates",** ***Particulate Science and Technology,*** vol. 36, no. 3, pp. 362-367, doi: 10.1080/02726351.2016.1256360.

[10] A. M. Rashad. (2016)/**'Vermiculite como material de construção -** Um pequeno guia **para o Engenheiro Civil,"** ***Construction and Building Materials,*** vol. 125. Elsevier Ltd, pp. 53-62. Doi: 10.1016/j.conbuildmat.2016.08.019.

[11] D. Cusson e J. W. Roberts. (2007), **"Chapter 9 -** Benefits and case studies **using internal curing of concrete"** ***RILEM TC 196-ICC: State-of-the-Art Report,*** pp. 127-136.

[12] J. R. Tenório Filho, M. A. P. G. de Araújo, E. Mannekens, N. De Belie, e D. Snoeck. (2022), "Polímeros superabsorventes à base de alginato e sulfonato para aplicação em materiais cimentícios: Effects of kinetics on internal curing and **other properties,"** ***Cement and Concrete Research,*** vol. 159, doi: 10.1016/j.cemconres.2022.106889.

[13] S. Gwon, E. Ahn, M. Shin, J. Y. Kim, e G. Kim. (2022), **"Assessment of** internal curing of cellulose microfibers-incorporated cement composites using destructive **and non-destructive methods,"** ***Construction and Building Materials,*** vol. 352, doi: 10.1016/j.conbuildmat.2022.129004.

[14] P. Chen, W. Tan, X. Qian, F. Yang, J. Wang, M. Li. (2022), **"Improving the** pore structure of perforated cenospheres for better internal curing **performance,"** ***Materials and***

Design, vol. 222, pp. 1-9, doi:
10.1016/j.matdes.2022.111047.

[15] D. O. Nduka, B. J. Olawuyi, E. O. Fagbenle, e B. G. Fonteboa. (2022), **"Mechanical and microstructural properties of** high-performance concrete made with rice husk ash internally cured with superabsorbent polymers," ***Heliyon,*** vol. 8, no. 9, doi: 10.1016/j.heliyon.2022.e10502.

[16] R. Rodríguez Alvaro, S. Seara-Paz, B. Gonzalez-Fonteboa, e M. Etxeberria. (2022), **"Study of different granular** by-products as internal curing water **reservoirs in concrete",** ***Journal of Building Engineering,*** vol. 45, pp. 1-11, doi: 10.1016/j.jobe.2021.103623.

[17] L. Yang, C. Shi, J. Liu e Z. Wu. (2021), **"Factores que afectam a eficácia** da cura interna: Uma revisão, ***"Construção e Materiais de Construção,*** vol. 267. Elsevier Ltd, doi: 10.1016/j.conbuildmat.2020.121017.

[18] F. Xu, X. Lin, e A. Zhou. (2021), **"Desempenho de materiais de cura interna** em **betão de alto desempenho: Uma revisão",** ***Construção e Materiais de Construção,*** vol. 311. Elsevier Ltd, doi: 10.1016/j.conbuildmat.2021.125250.

[19] Z. Li, S. Zhang, X. Liang, J. Granja, M. Azenha, e G. Ye. (2020), "Cura **interna** de **pasta de cinza** de mosca de escória ativada por álcali **com polímeros superabsorventes",** ***Construção e Materiais de Construção,*** vol. 263, doi: 10.1016 / j.conbuildmat.2020.120985.

[20] R. Rodríguez-Álvaro, B. González-Fonteboa, S. Seara-Paz, e K. M. A. Hossain. (2020), **"Internally cured high performance concrete with magnesium** based expansive agent using coal bottom ash particles as water reservoirs," ***Construction and Building Materials,*** vol. 251, doi:
10.1016/j.conbuildmat.2020.118977.

[21] J. T. Kevern e Q. C. Nowasell. (2018), **"Cura interna de betão permeável utilizando agregados leves",** ***Construction and Building Materials,*** vol. 161, pp. 229-235, doi: 10.1016/j.conbuildmat.2017.11.055.

[22] N. Pannirselvam, P. Dinesh Kumar, e T. Radhiga. (2018), **"Performance of** self-curing concrete using polyethylene gylcol," ***Journal of Sustainable Construction Engineering and Project Management,*** vol. 1, no. 3, pp. ^11.

[23] A. K. Akhnoukh. (2018), **"Internal curing of concrete using lightweight aggregates",** ***Particulate Science and Technology,*** vol. 36, no. 3, pp. 362-367, doi: 10.1080/02726351.2016.1256360.

[24] Y. Wei, Y. Wang, e X. Gao. (2015), "Effect of internal curing on moisture gradient distribution and deformation of a concrete pavement slab containing pre-wetted lightweight fine aggregates, "***Drying Technology,*** vol. 33, no. 3, pp. 355-364, doi: 10.1080/07373937.2014.952740.

[25] K. Naveenkumar, P. A. Suriya, R. Divahar, S. P. Sangeetha, e M. Jayakumar. (2021), **"Investigação experimental do comportamento de flexão de viga de concreto reforçado com substituição parcial de vermiculita",** ***Materials Today: Proceedings,*** Elsevier Ltd, pp. 5885-5888. doi: 10.1016/j.matpr.2021.02.743.

[26] K. Naveen Kumar, D. S. Vijayan, R. Divahar, R. Abirami, e C. Nivetha. (2020), **"An experimental investigation on** light-weight concrete blocks using **vermiculite,"** ***Materials Today: Proceedings,*** Elsevier Ltd, pp. 987-991. doi: 10.1016/j.matpr.2019.11.237.

[27] A. Wang e W. Wang. (2019), **"Vermiculite nanomaterials: Structure, properties, and potential applications,"** ***Nanomaterials from Clay Minerals: A New Approach to Green Functional Materials,*** Elsevier, pp. 415-484. doi: 10.1016/B978-0-12-814533-3.00009-0.

[28] M. Karatas, A. Benli, e H. A. Toprak. (2019), **"Efeito da incorporação de** vermiculita crua como substituição parcial de areia nas propriedades das **argamassas de compactação** auto **a temperatura elevada"**, ***Construção e Materiais de Construção,*** vol. 221, pp. 163-176, doi: 10.1016/j.conbuildmat.2019.06.077.

[29] N. Pannirselvam e K. S. Gokul Kishore. (2019), "Desenvolvimento de argamassa utilizando vermiculite, " ***International Journal of Recent Technology and Engineering,*** vol. 7, no. 6S6, pp. 2277-3878, doi: 10.35940/ijrte.F1002.0476S619.

[30] N. Pannirselvam e R. Santhoshini (2018), **"Development and Evaluation of** Vermiculite Tiles, Mortar and Concrete", ***International Journal of Engineering Research & Technology,*** vol. 7, no. 9, pp. 92-96, [Online]. Disponível: www.ijert.org

[31] **IS 12269:1987, "53 grade ordinary Portland cement," Bureau of Indian** Standards. Nova Deli.

[32] **IS 383 :2016, "Coarse and** fine aggregate for concrete - **Specification,"** ***Bureau of Indian Standards.*** Nova Deli.

[33] **IS 1199:1959, "Methods of sampling and analysis of concrete,"** ***Bureau of Indian Standards.*** **New Delhi.**

[34] **IS 516:1959, "Method of** tests for strength of concrete," ***Bureau of Indian Standards.*** New Delhi.

[35] **IS 9221:1979, "Método para a determinação do módulo de elasticidade e do rácio de Poisson de materiais rochosos em compressão uniaxial",** ***Bureau of Indian Standards.*** New Delhi.

[36] **ASTM:C1585-13, "Standard** test method for measurement of rate of absorption of water by hydraulic-cement concretes," ***ASTM International.*** West Conshohocken.

Theerthagiri final report 2

ORIGINALITY REPORT

9%	4%	7%	2%
SIMILARITY INDEX	INTERNET SOURCES	PUBLICATIONS	STUDENT PAPERS

PRIMARY SOURCES

#	Source	%
1	Zongjin Li, Xiangming Zhou, Hongyan Ma, Dongshuai Hou. "Advanced Concrete Technology", Wiley, 2022 Publication	2%
2	"Proceedings of SECON 2020", Springer Science and Business Media LLC, 2021 Publication	1%
3	acikbilim.yok.gov.tr Internet Source	1%
4	eprints.nottingham.ac.uk Internet Source	<1%
5	Submitted to University of Mauritius Student Paper	<1%
6	www.ijert.org Internet Source	<1%
7	Binyu Zhang, Chi Sun Poon. "Internal curing effect of high volume furnace bottom ash (FBA) incorporation on lightweight aggregate concrete", Journal of Sustainable Cement-Based Materials, 2017	<1%

SRM INSTITUTE OF SCIENCE AND TECHNOLOGY
COLLEGE OF ENGINEERING AND TECHNOLOGY
DEPARTMENT OF CIVIL ENGINEERING
Kattankulathur - 603 203, Tamil Nadu, India

INTERNATIONAL CONFERENCE ON

CIVIL ENGINEERING INNOVATIVE DEVELOPMENT IN ENGINEERING ADVANCES [ICC IDEA - 2023]

9th – 11th March, 2023

Certificate

This is to certify that Mr/Ms/Dr .... THEERTHAGIRI. S .... has presented the paper entitled

Strength and Durability Properties of Concrete With Addition of Vermiculite as Internal Curing Agent

in the INTERNATIONAL CONFERENCE on CIVIL ENGINEERING INNOVATIVE DEVELOPMENT IN ENGINEERING ADVANCES [ICC IDEA - 2023],

Scheduled from 9th to 11th, March 2023 by the Department of Civil Engineering, SRM Institute of Science and Technology, Kattankulathur.

Dr. N. UMA MAHESWARI
CONVENER - ICC IDEA 2023
SRM IST, Kattankulathur

Dr. P. T. RAVICHANDRAN
CONVENER - ICC IDEA 2023
Head, Department of Civil Engineering
SRM IST, Kattankulathur

Printed by Books on Demand GmbH, Norderstedt / Germany